职业教育校企合作"互联网+"新形态教材

机电设备概论

第 2 版

主　编　刘成志
副主编　林雪梅　陈长亮
参　编　徐　湘　初洪伟　杨海涛　刘　琳

机械工业出版社

本书是《机电设备概论》的修订版,对书中整体内容进行了重构,着重介绍了典型机电设备的基本知识、类型及用途以及机电设备使用维护等方面的内容,增加了工业机器人、无人机、挖掘机、洗衣机等生产及民生领域典型机电设备的介绍,以及物联网、人工智能等领域的基本知识,同时删减了个别现已不常用的机电设备的介绍,体现了时代特征,既注重了承前启后,又兼顾了发展创新。

本书适合作为中等职业学校机电技术应用专业及相关专业的教材,也可作为相关企业的培训用书。

为方便教学,本书配套视频(以二维码形式穿插于书中)、PPT课件、电子教案及习题答案等资源,凡购买本书作为授课教材的教师可登录www.cmpedu.com注册后免费下载。

图书在版编目(CIP)数据

机电设备概论/刘成志主编. —2版. —北京:机械工业出版社,2021.4(2024.6重印)
职业教育校企合作"互联网+"新形态教材
ISBN 978-7-111-67930-1

Ⅰ.①机… Ⅱ.①刘… Ⅲ.①机电设备-中等专业学校-教材 Ⅳ.①TM92

中国版本图书馆 CIP 数据核字(2021)第 060319 号

机械工业出版社(北京市百万庄大街22号 邮政编码100037)
策划编辑:赵红梅 责任编辑:赵红梅 戴 琳
责任校对:张 薇 封面设计:马精明
责任印制:邸 敏
北京富资园科技发展有限公司印刷
2024年6月第2版第6次印刷
184mm×260mm·15.5印张·266千字
标准书号:ISBN 978-7-111-67930-1
定价:45.00元

电话服务　　　　　　　　　　网络服务
客服电话:010-88361066　　　机　工　官　网:www.cmpbook.com
　　　　　010-88379833　　　机　工　官　博:weibo.com/cmp1952
　　　　　010-68326294　　　金　书　网:www.golden-book.com
封底无防伪标均为盗版　　　　机工教育服务网:www.cmpedu.com

前　言

本书根据中等职业学校机电技术应用专业"机电设备概论"课程的教学基本要求，在第 1 版的基础上进行了系统的修订，在编写形式上采用了项目式的方式，同时对内容进行了大幅度的调整。

本书由概述、典型产业类机电设备、典型民生类机电设备、典型信息类机电设备、现代新兴技术 5 个项目组成，共安排了 15 个学习任务。

考虑到机电设备概论是在学生已经学习了"机械制图""机械基础""液压与气压传动"和"电工与电子技术"等课程基础上开设的课程，本书简化了对动力源、传动系统等内容的介绍；同时考虑到学生对后续课程"电气及 PLC 控制技术""传感器及应用""数控编程与加工""微机控制技术"等还要进行系统学习，本书淡化了对各种典型机电设备结构及原理的阐述，突出了典型机电设备在分类、特点、应用以及常见故障诊断及排除等方面的内容，突出了知识的应用性，以增强学生对机电设备的认知，为后续课程学习奠定基础。此外，概述部分还介绍了一些机电设备管理以及安全操作方面的内容，为培养学生在设备使用与维护方面的基本技能奠定基础。

本书在修订过程中，突出了以下几方面：

1）项目下设学习任务并相互独立，便于进行选择性学习。

2）已学内容和后续内容兼顾，承上启下的意图比较鲜明。

3）内容涵盖了设备发展的最新动态和主要趋势，体现出了时代特征。

4）在介绍知识的过程中注重思想教育，培养学生对国家和职业的热爱。

5）在每个学习任务后增加了延伸阅读，为学生拓展视野和激发兴趣提供了很好的素材。

6）在每个学习任务后安排了大量基础训练，配套的教学设计、课件、图片等教学资源通过二维码形成资源链接，方便教师教学和学生学习。

7）图文并茂、通俗易懂，降低了学生学习的难度。

本书适用于中等职业学校机电技术应用专业及相关专业，建议学时分配如下：

模块及单元内容		学时分配	
		讲授	实训
项目一 概述	学习任务一　机电设备的发展过程	4	
	学习任务二　机电设备的分类与组成	4	
	学习任务三　机电设备的日常管理与安全使用规范	2	
项目二 典型产业类机电设备	学习任务一　金属切削机床	6	2
	学习任务二　工业机器人	6	2
	学习任务三　挖掘机	6	2
	学习任务四　自动化生产线	6	2
项目三 典型民生类机电设备	学习任务一　洗衣机	6	1
	学习任务二　电梯	6	2
	学习任务三　无人机	6	2
项目四 典型信息类机电设备	学习任务一　打印机	4	1
	学习任务二　投影仪	4	1
	学习任务三　传真机	4	1
项目五 现代新兴技术	学习任务一　物联网	4	
	学习任务二　人工智能	4	
机动		2	
总计		74	16

本书由吉林通用航空职业技术学院刘成志担任主编，吉林机电工程学校林雪梅和吉林通用航空职业技术学院陈长亮担任副主编，吉林通用航空职业技术学院徐湘及吉林机电工程学校初洪伟、杨海涛、刘琳参与编写。编写分工如下：刘成志编写项目一，林雪梅编写项目二中的学习任务二和项目三中的学习任务三，陈长亮编写项目二中的学习任务四和项目三中的学习任务二，徐湘编写项目五，初洪伟编写项目四，杨海涛编写项目二中的学习任务三和项目三中的学习任务一，刘琳编写项目二中的学习任务一。吉林通用航空职业技术学院魏永生和吉林机电工程学校申雪对全书编写工作提出了许多宝贵的意见和建议，在此表示感谢。

由于编者水平有限，书中难免有错误和不妥之处，恳请读者批评指正。

编　者

二维码索引

页码	名　称	图　形	页码	名　称	图　形
22	齿轮传动		132	洗衣机工作原理	
26	传感器的应用		187	打印机的安装	
56	CA6140 型卧式车床结构组成及各部分功用		191	激光打印机常见故障排除	
68	数控车床的基本操作		217	物联网科普概述	
82	工业机器人的应用		231	人工智能应用简介	

目 录

前言
二维码索引
项目一　概述 ·· 1
　　学习任务一　机电设备的发展过程 ·· 1
　　学习任务二　机电设备的分类与组成 ·· 14
　　学习任务三　机电设备的日常管理与安全使用规范 ·· 36
项目二　典型产业类机电设备 ·· 46
　　学习任务一　金属切削机床 ·· 46
　　学习任务二　工业机器人 ··· 76
　　学习任务三　挖掘机 ··· 92
　　学习任务四　自动化生产线 ·· 109
项目三　典型民生类机电设备 ·· 126
　　学习任务一　洗衣机 ··· 126
　　学习任务二　电梯 ·· 142
　　学习任务三　无人机 ··· 166
项目四　典型信息类机电设备 ·· 182
　　学习任务一　打印机 ··· 182
　　学习任务二　投影仪 ··· 196
　　学习任务三　传真机 ··· 206
项目五　现代新兴技术 ·· 216
　　学习任务一　物联网 ··· 216
　　学习任务二　人工智能 ·· 227
参考文献 ·· 240

项目一　概述

通常所说的设备是指国民经济各部门和社会生产和生活领域所使用的装备、设施、装置和仪器等物质资料的总称。它可以在使用中基本保持原有的实物形态。机电设备（Electromechanical Equipment）则是指应用了机械、电子技术的设备。通常所说的机械设备是机电设备中最重要的组成部分。

随着人民生活水平的不断提高，人们在日常生活中对机电设备的需求越来越多，从工业到家用，从交通运输到航空航天，从国防领域到社会生活，各种各样的机电设备已经成为人们日常生产生活中不可缺少的产品。先进的机电设备不仅能大大提高劳动生产率，减轻劳动强度，改善生产环境，完成人力无法完成的工作，而且作为国家工业基础之一，对整个国民经济的发展，以及科技、国防实力的提高有着直接的、重要的影响，还是衡量一个国家科技水平和综合国力的重要标志。

了解机电设备的发展趋势，熟悉机电设备的分类及组成，掌握机电设备管理与日常维护的基本知识对于机电技术应用专业领域的技术技能型人才是一项基本的要求。

学习任务一　机电设备的发展过程

学习目标

1. 了解机电设备的发展过程。
2. 掌握现代机电设备的特点及发展趋势。

一、机电设备的发展阶段

机电设备的发展与制造业的发展紧密相连,大体上可以分为如下几个阶段。

1. 早期机械设备阶段

在这一阶段,机械设备的动力源主要有人力、畜力及蒸汽机,工作机构的结构相对比较简单,对设备的控制主要通过人脑来完成。

根据历史记载,制造陶瓷器皿的陶车,也称陶钧、转轮,已是具有动力源、传动机构和工作机构三个部分的完整机械。四川省彭县出土的一件宋代石质手摇快轮,是目前发现较早、保存较为完好的陶车。后世的陶车主要由一水平圆盘和轮轴所构成,圆盘一般由木板制成,装在垂直的转轴上端。操作时,由机械动力或人力使其平衡旋转,将泥料放在圆盘中间,用手提拉或用弧形刮板成型,便可制成陶瓷器的生坯。

几千年前,我们的祖先已发明了用于汲水的桔槔,如图 1-1 所示。桔槔的结构相当于一个普通的杠杆,其工作原理示意图如图 1-2 所示。其横杆由中间的竖木支承或悬吊起来,横杆的一端用一根直杆与汲器相连,另一端绑上或悬上一块重石头。当不需要汲水时,石头位置较低(位能也小)。当需要汲水时,则用力将直杆与汲器往下压,与此同时,另一端石头的位置则上升(位能增加)。当汲器汲满水后,让另一端的石头下降,石头原来所储存的位能转化,通过杠杆作用就可以将汲器提升。可见,汲水过程的主要作用力方向是向下。由于向下用力可以借助人体的自重,这就大大减少了人们汲水的疲劳程度。这种汲水工具是我国古代社会的一种主要灌溉机械。

图 1-1 桔槔

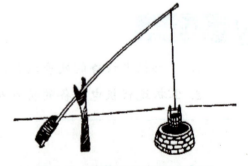

图 1-2 桔槔工作原理示意图

辘轳（图1-3）是一种提取井水的起重装置。井上竖立井架，上装可用手柄摇转的轴，轴上绕绳索，绳索一端系水桶。摇转手柄，可使水桶一起一落，提取井水。辘轳也是从杠杆原理演变而来的汲水工具。早在公元前1100多年前，我国劳动人民就已经发明了辘轳。到春秋时期，辘轳已经成为常见提水工具。

辘轳的制造和应用在古代是和农业的发展紧密结合的，它广泛地应用于农业灌溉中。辘轳的应用在我国时间较长，虽经改进，但大体保持了原形。

如今，在我国一些地下水很深的山区，还在使用辘轳从深井中提水，以供人们饮用。另外，还有使用牛力带动辘轳，再装上其他工具用来凿井或汲卤的。

鼓风器的产生对人类社会发展起了重要作用。鼓风器是一种强制送风的工具，主要用于冶铸业。强大的鼓风器能使冶金炉获得足够高的炉温，以从矿石中炼取金属。西周时期，我国就已有了冶铸用的鼓风器。最早的鼓风器如图1-4所示。

图1-3　辘轳

图1-4　最早的鼓风器

16世纪以前，机械工程发展缓慢。17世纪以后，资本主义在英、法和西欧诸国出现，商品生产开始成为社会的中心问题。

18世纪后期，早期蒸汽机（图1-5）的应用从采矿业推广到纺织、面粉和冶金等行业。制作机械的主要材料逐渐从木材改为更为坚韧，但难以用手工加工的金属。机械制造工业开始形成，并在之后的几十年中成为一项重要产业。

蒸汽机是将蒸汽的能量转换为机械功的往复式动力机械。蒸汽机的出现曾引发了18世纪的工业革命。直到20世纪初，它仍然是世界上最重要的原动机，后来才逐渐让位于内燃机和汽轮机等。蒸汽机工作原理示意图如图1-6所示。

图1-5 早期的蒸汽机

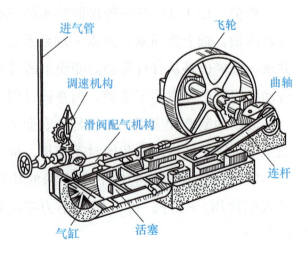

图1-6 蒸汽机工作原理示意图

2. 传统机电设备阶段

在这一阶段，机电设备的动力源由普通的电动机来承担，工作机构的结构比较复杂，尤其是机电设备的控制部分已经由功能多样的逻辑电路代替人脑来完成。

从早期机械设备阶段发展到传统机电设备阶段经历的时间比较长。由于蒸汽机的出现，直到19世纪初期，机电设备经历了一个较快的发展阶段。在19世纪，蒸汽机几乎是唯一的动力源，但蒸汽机及其锅炉、凝汽器和冷却水系统等体积庞大、笨重，应用很不方便。

1831年，法拉第成功地发明了第一台使用电流驱动物体运动的装置，虽然装置简陋，但它却是当今世界上使用的所有电动机雏形。电动机（Motor）是把电能转换成机械能的一种设备。电动机的工作原理是利用通电导体在磁场中受到力的作用实现转动的。1873年，比利时人格拉姆发明了大功率电动机，电动机从此开始大规模用于工业生产。

19世纪末，电力供应系统和电动机开始发展和推广。20世纪初，电动机（图1-7）已在工业生产中取代了蒸汽机，成为驱动各种工作机械的基本动力，这标志着机电设备进入机、电结合的新阶段，机电设备发展进入了传统机电设备阶段。随着技术的不断进步，机电设备不断扩大使用范围。在农业、采

图1-7 电动机

矿业和加工制造业等各个领域，机电设备的广泛应用极大地促进了生产率、机械化程度、自动化程度等方面的显著提高，从而也进一步推动了机械制造水平的极大提高，为机电设备的快速发展奠定了良好的基础。

3. 现代机电设备阶段

现代机电设备是在传统机电设备的基础上吸收了机械技术、微电子技术、信息处理技术、控制技术和软件工程技术等多种先进科学技术，使机电设备在结构和原理上产生了质的飞跃。

传统机电设备是以机械技术和电气技术应用为主的设备。虽然传统的机电设备也能实现自动化，但自动化程度低、功能有限、耗材多、能耗大、设备的工作效率低、性能水平不高。为了提高机电设备的自动化程度和性能，从20世纪60年代开始，人们将机械技术与电子技术结合，出现了许多性能优良的机电产品和机电设备。到了20世纪70—80年代，微电子技术得到了惊人的发展，人们开始主动利用微电子技术的成果开发新的机电产品或设备，使得机电产品或设备成为集机械技术、控制技术、计算机与信息技术等为一体的全新技术产品，机电设备的发展到了现代机电设备阶段。到了20世纪90年代，机电一体化技术加速发展，机电一体化产品和设备已经渗透到国民经济和社会生活的各个领域。汽车（图1-8）、电梯（图1-9）、高铁（图1-10）和飞机（图1-11）等各种机电设备几乎遍及所有的生产部门、科研领域、日常生活及服务的各个领域，深刻影响和改变着我们的生活方式和工作效率。

图 1-8　汽车

图 1-9　电梯

图 1-10　高铁

图 1-11　飞机

随着科学技术的发展和社会生产客观需求的提高，要求机电设备具有更高的精度、更高的自动化程度和更高的生产率。自动化生产线和物联网等新的生产、生活方式应运而生，深刻影响着我们的生活。在汽车制造、家电生产和食品饮料生产等领域，自动化生产线得到了广泛的应用。电子产品自动化生产线如图 1-12 所示。

图 1-12　电子产品自动化生产线

二、现代机电设备的特点及发展趋势

1. 现代机电设备的特点

现代的机电设备，如电动缝纫机、电子调速器、自动取款机、自动售票机、自动售货机、自动分拣机、自动导航装置、数控机床、自动生产线、工业机器人和智能机器人等都是应用机电一体化技术为主的设备。与传统机电设备相比，现代机电设备具有以下特点。

(1) 轻量化

机电一体化技术使原有的机械结构大大简化，如电动缝纫机的针脚花样主要是由一块单片集成电路控制，而老式缝纫机的针脚花样是由 300 多个零件构成的机械装置控制。机械结构的简化使设备的尺寸减小、重量减轻、用材减少。

(2) 工作精度高

由于机电一体化技术的广泛应用，机械的传动部件数量减少，因而机械磨损所引起的传动误差大大减小。同时，还可以通过自动控制技术对由各种干扰所造成的误差进行自行诊断、校正、补偿，从而使机电设备的工作精度得到很大的提高。

(3) 可靠性高

由于采用电子元器件装置代替了机械运动构件和零部件，避免了机械接触时存在的润滑、磨损和断裂等问题，使可靠性大幅度提高。

(4) 柔性化

例如，在数控机床上加工零件时，只需编制不同的程序就能实现对不同零件的加工，它不同于传统的机床，不需要更换工、夹具，不需要重新调整机床，就能快速地实现对不同尺寸和形状的产品的加工。

2. 机电设备的发展趋势

机电设备的快速发展深刻影响着我们的生活，不断改变着我们的生活方式，同时，技术的革新也进一步促进了机电设备自身不断向前发展。目前，机电设备从功能上向多样化、自动化、信息化方向发展，在外观形态和色调等方面更加体现了与自然和环境的融合，同时机电设备的结构向系统化、集成化、复合化方向发展。这些客观的发展现状正在引领着机电设备向高精度、高效率、高性能、高智能及网络化方向发展。

(1) 高精度

机电设备的精度取决于机床的加工精度，因此，机床的加工精度决定着一个国家装备制造业的水平。

机床向来被誉为"工业母机"，是制造机器的机器，它是整个装备制造业的核心生产基础，尤其是超高精度机床和多轴联动高档数控机床（图 1-13）等顶级机床，其技术水平直接反映了一个国家制造业的整体竞争力。对于制造业，无论哪个领域都无法脱离高精度机床，大到国防武器、航空航天设备、航母舰船的关键零部件，小到手表齿轮、各类精密仪器等，莫不如此。近年来，我国智能制造崛起，航空工业、自主航母、高新产业迅猛发展，这都离不开机床制造精度的提升。一台超高精度机床的加工精度能够达到 0.01~0.001μm，也就是能够达到或接近纳米级，比普通数控机床精度要高出 1000 倍，即使与精密加工相比也要高出一个数量级。

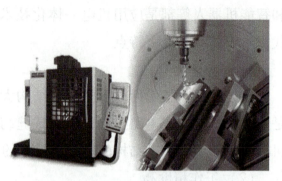

图 1-13　多轴联动高档数控机床

拥有高精度机床，对于推动尖端科研、航空航天、精密器械、高精医疗设备等行业的发展具有重要的意义。因此，高精度机床的生产和研发成为世界各个国家竞争的焦点。

（2）高效率

当今世界，交通运输、航空航天和信息技术等各个领域中的机电设备都在飞速发展，高效率成为其发展最显著的特征之一。

我国在信息技术、航空航天、高铁等多个领域已经走在了世界的前列。我国复兴号 CR400 高铁的速度已达 400km/h。

"天鲲号"挖泥船（图 1-14）是亚洲最大的重型自航绞吸船，由我国船舶工业集团公司第七〇八研究所设计、上海振华重工集团启东公司建造的新一代重型自航绞吸挖泥船。

图 1-14　"天鲲号"挖泥船

"天鲲号"全船长 140m，宽 27.8m，最大挖深为 35m，总装机功率为 25843kW，设计挖泥量为 6000m³/h，绞刀额定功率为 6600kW。

2019 年 5 月 23 日 10 时 50 分，时速 600km 的高速磁浮试验样车在青岛下线，标志着我国已经在磁悬浮领域处于世界领先地位。

在 2020 年 6 月最新一期全球超级计算机 500 强排行榜中，日本超级计算机"富岳"（图 1-15）接受特定测试时的运算速度达到 41.55 亿亿次/s，峰值速度更是达到 100 亿亿次/s，成为全球超级计算机 500 强的冠军，是目前世界上运行最快的计算机。

（3）高性能

随着科技的进步，机电设备在性能上大幅提高。"蛟龙号"载人潜水器（图 1-16）是由我国自行设计、自主集成研制的，可以在地球上任何一个海域开展下潜作业。截至目前，水下深潜器的下潜深度已超过 10000m 大关。

图 1-15　日本超级计算机"富岳"

图 1-16　"蛟龙号"载人潜水器

射电望远镜（radio telescope）是一种用来观测和研究来自天体的射电波的机电设备，可以测量天体射电的强度、频谱及偏振等物理量。20 世纪 60 年代，天文学取得了脉冲星、类星体、宇宙微波背景辐射、星际有机分子"四大发现"，都与射电望远镜有关。

目前，美国、俄罗斯、日本、德国等建设完成了口径范围在 25～100m 之间不同尺寸的射电望远镜。2016 年，我国在贵州省的山区建成了 500m 口径球面射电望远镜（FAST，图 1-17），被誉为"中国天眼"。该射电望远镜成为世界第一大单口径天文望远镜，并将在未来 20～30 年内保持世界领先地位。该射电望远镜可以用来监听外

图 1-17　"中国天眼"射电望远镜

太空的宇宙射电波，使我国的天文观测能力延伸到宇宙边缘；可以观测暗物质和暗能量，寻找第一代天体；可以用于太空天气预报；同时还可以进行高分辨率微波巡视，以 1Hz 的分辨率诊断识别微弱的空间信号，作为战略雷达为国家安全服务。

（4）高智能

随着信息技术、互联网技术、智能制造技术等各种现代科学技术的不断发展，以"互联网+"为代表的各种智能化机电设备得到了快速发展。目前，高智能的机电设备越来越广泛地应用到我们的生活和工作领域中。

智能汽车（通常也被称为智能网联汽车、自动驾驶汽车、无人驾驶汽车等）是指通过搭载先进传感器、控制器、执行器等装置，运用信息通信、互联网、大数据、云计算、人工智能等新技术，具有部分或完全自动驾驶功能，由单纯交通运输工具逐步向智能移动空间转变的新一代汽车。它能够根据道路交通状况、路面状况和天气状况自行选择最佳运行速度和路线，实现时间和燃料消耗的最佳选择，同时大幅度降低人类自身的劳动强度。智能汽车如图1-18所示。

智能机器人（图1-19）又称为自控机器人，这种机器人能够理解人类语言，用人类语言同操作者对话，在它自身的"意识"中单独形成了一种使它得以"生存"的外界环境，它能分析出现的情况，能调整自己的动作以达到操作者所提出的全部要求，能拟定所希望的动作，并在信息不充分的情况下和环境迅速变化的条件下完成这些动作。这种机器人可以代替人类完成车辆驾驶、机器操纵、卫生清扫、矿产挖掘、树木灌溉等常见工作，具有高度智能化的特点。

图1-18　智能汽车

图1-19　智能机器人

智能电梯（图1-20）是一种经常用到的智能化机电设备，它在普通电梯的基础上安装了应用IC/ID卡，以限制人员出入特定楼层的功能，从而防止无关人员随便进出、使用电梯，同时达到节能环保的目的。目前，这种电梯得到了越来越广泛的应用。智能电梯操作示意图如图1-21所示。

相信随着科技的发展，一定会有越来越多的智能化机电设备出现在我们生活的各个领域。

图 1-20　智能电梯　　　　　图 1-21　智能电梯操作示意图

（5）网络化

网络化是现代机电设备发展的另一个主要趋势。随着信息化技术的发展，以互联网为代表的通信技术与各种机电设备不断融合，各种数控机床、无人驾驶的飞机和汽车、各种智能家居，以及通过打车软件享受出租车的服务都体现出越来越强的网络化色彩。"互联网＋"时代将使机电设备向网络化的新业态快速转型和发展。

我国有哪些机电设备的发展处于国际领先水平？

延伸阅读

神舟系列飞船

神州系列飞船是由我国自行研制，具有完全自主知识产权，达到或优于国际第三代载人飞船技术的飞船。"神舟号"飞船采用三舱一段，即由返回舱、轨道舱、推进舱和附加段构成，由 13 个分系统组成。

"神舟号"飞船的轨道舱是一个圆柱体，总长度为 2.8m，最大直径为 2.27m，一端与返回舱相通，另一端与空间对接机构连接。轨道舱被称为"多功能厅"，这是因为几名航天员除了升空和返回时要进入返回舱以外，其他时间都在轨道舱里。轨道舱集工作、吃饭、睡觉和清洁等诸多功能于一体。

为了使轨道舱在独自飞行的阶段可以获得电力，轨道舱的两侧安装了太阳电池翼。每块太阳翼（除去三角部分）面积为 $2.0m \times 3.4m$，轨道舱自由飞行时，可以由它提供 $0.5kW$ 以上的电功率。轨道舱尾部有4组小的推进发动机，每组4个，可为飞船提供辅助推力和轨道舱分离后继续保持轨道运动的能力。轨道舱一侧靠近返回舱部分有一个圆形的舱门，为航天员进出轨道舱提供了通道，不过，该舱门的最大直径仅65cm，只有身体灵巧、受过专门训练的人才能自由进出。舱门的上面有轨道舱的观察窗。

轨道舱是飞船进入轨道后航天员工作和生活的场所。舱内除备有食物、饮用水和大小便收集器等生活装置外，还有空间应用和科学试验用的仪器设备。作为航天员的"太空卧室"，轨道舱的环境很舒适，舱内温度一般在 $17 \sim 25℃$。

返回舱返回后，轨道舱相当于一颗对地观察卫星或太空实验室，它将继续留在轨道上工作半年左右。轨道舱留轨利用是我国飞船的一大特色，俄罗斯和美国飞船的轨道舱和返回舱分离后，一般是废弃不用的。

返回舱又称为座舱，长 $2.00m$，直径为 $2.40m$（不包括防热层）。它是航天员的"驾驶室"，是航天员往返太空时乘坐的舱段，为密闭结构，前端有舱门。

"神舟号"飞船的返回舱呈钟形，有舱门与轨道舱相通。返回舱是飞船的指挥控制中心，内设可供3名航天员斜躺的座椅，供航天员在起飞、上升和返回阶段乘坐。座椅前下方是仪表板、手控操纵手柄和光学瞄准镜等，仪表板可显示飞船上各系统和机器设备的状况。航天员通过这些仪表进行监视，并在必要时控制飞船上系统和机器设备的工作。轨道舱和返回舱均是密闭的舱段，内有环境控制和生命保障系统，确保舱内充满一个大气压的氧氮混合气体，并将温度和湿度调节到人体适应的范围，确保航天员在整个飞行任务过程中的生命安全。

另外，舱内还安装了供着陆用的主、备两具降落伞。"神舟号"飞船的返回舱侧壁上开设了两个圆形窗口，一个用于航天员观测窗外的情景，另一个供航天员操作光学瞄准镜观测地面和驾驶飞船。返回舱的底座是金属架层密封结构，上面安装了返回舱的仪器设备，该底座轻便且十分坚固，在返回舱返回地面进入大气层时，保护返回舱不被炙热的大气烧毁。

项目一　概　　述

推进舱又称为仪器舱或设备舱。推进舱长3.05m，直径为2.50m，底部直径为2.80m，用于安装推进系统、电源、轨道制动，并为航天员提供氧气和水。

推进舱呈圆柱形，内部装载推进系统的发动机和推进剂，为飞船提供调整姿态和轨道以及制动减速所需要的动力，还有电源、环境控制和通信等系统的部分设备。两侧各有一对太阳翼电池，除去三角部分，太阳翼电池的面积为$2.0m \times 7.5m$，与前面轨道舱的太阳翼电池加起来，产生的电功率为"联盟号"飞船的3倍，平均达1.5kW以上，差不多相当于富康AX新浪潮汽车的电源所提供功率。这几块太阳翼电池除了所提供的电力较大之外，还可以绕连接点转动，这样不管飞船怎样运动，它始终可以保持最佳方向以获得最大电功率，免去了"翘向太阳"所要进行的大量机动，可以在保证太阳翼电池对日定向的同时进行飞船对地的不间断观测。

设备舱的尾部是飞船的推进系统。主推进系统由4个大型主发动机组成，它们在推进舱的底部正中。在推进舱侧裙内四周又分别布置了4对纠正姿态用的小推进器，说它们小是和主推进器比，与其他辅助推进器比，它们则大很多。另外，推进舱侧裙外还有辅助用的小型推进器。

附加段也称为过渡段，是为将来与另一艘飞船或空间站交会对接做准备用的。在载人飞行及交会对接前，它也可以安装各种仪器，用于空间探测。

基础训练

一、填空题

1. 机电设备从发展历程来看，大体上经历了_____、_____和_____三个发展阶段。

2. 与传统机电设备相比，现代机电设备具有_____、_____、_____和_____等方面的技术特点。

3. 随着科学技术的发展，机电设备呈现出_____、_____、_____、_____等发展趋势。

二、思考题

1. 请说出你听过的、见过的或者用过的机电设备的名称、用途，并判断其属于哪一发展阶段的机电设备。
2. 请说出我们的家庭中有哪些机电设备，它们的用途是什么？

学习任务二 机电设备的分类与组成

  学习目标

1. 了解机电设备的分类。
2. 了解常见机电设备的组成。
3. 了解电动机的分类及特点。
4. 掌握常用传动装置的类型及各自的特点。
5. 了解自动检测系统的组成。
6. 掌握常用传感器的类型。
7. 了解自动控制系统的组成及分类。

  相关知识

一、机电设备的分类

机电设备种类繁多，分类方法也多种多样，通常按照《国民经济行业分类》等国家标准的分类方法进行分类。这种分类方法常用于行业设备资产管理、机电产品目录资料手册的编目等。在我们的日常生活中，经常按照用途对机电设备进行分类。

1. 按照国家标准的分类方法分类

按《国民经济行业分类》等国家标准的分类方法，将机电设备分为通用机械类、通用电工类、通用或专用仪器仪表类和专用设备类四大类。

（1）通用机械类

通用机械类设备是指通用性强、用途较广泛的机械设备。它包括机械制造设备（金属切削机床、锻压机械、铸造机械等），起重设备（电动葫芦、装卸机、各种起重机、电梯等），农、林、牧、渔机械设备（如拖拉机、收割机、各种农副产品加工机械等），泵、风机、通风采吸设备，环境保护设备，木工设备，交通运输设备（如铁道车辆、汽车、摩托车、船舶、飞行器等）等。

（2）通用电工类

通用电工类机电设备是指通用的电力生产设备以及各种通用电气类设备。它包括电站设备、工业锅炉、工业汽轮机、电机、电动工具、电气自动化控制装置、电炉、电焊机、电工专用设备、电工测试设备、日用电器（如电冰箱、空调器、微波炉、洗衣机等）等。

（3）通用或专用仪器仪表类

通用或专用仪器仪表类机电设备是指办公和日常事务用的通用型或者专用型的各类仪器仪表。它包括自动化仪表、电工仪表、专业仪器仪表（如气象仪器仪表、地震仪器仪表、教学仪器、医疗仪器等）、成分分析仪表、光学仪器和实验仪器及装置等。

（4）专用设备类

专用设备是指各种具有专门性能和专门用途的设备。它包括：矿山机械、建筑机械、石油冶炼设备、电影电视设备（如广播发射设备、电视发射设备、音频节目制作和播控设备、视频节目制作和播控设备、多工广播、立体电视及卫星广播电视设备、电缆电视分配系统设备、应用电视设备等）、照相设备、医疗卫生设备（如医疗诊察器械及诊断仪器、医用射线设备、医用生化化验仪器及设备、体外循环设备及装置、人工脏器设备及装置、假肢设备及装置、手术室设备、急救设备等）、文化体育教育单位的设备（如文艺设备、体育设备、娱乐设备、演出服装和舞台设备等）、新闻出版单位的设备（如新闻出版设备、印刷机械、装订机械等）和公安政法机关的设备（如交通管理设备、消防设备、取证及鉴定设备、安全及检查设备、监视及报警设备等）等。

2. 按照用途分类

按照用途的不同，常用的机电设备主要分为产业类机电设备、民生类机电设备和信息类机电设备。

（1）产业类机电设备

产业类机电设备是指用于企业生产的设备，如机械制造行业使用的各类机械加工设备（普通车床如图1-22所示）、自动化生产线（图1-23）、工业机器人，还有其他行业使用的机械设备，如纺织机械（图1-24）和矿山机械等都属于产业类机电设备。

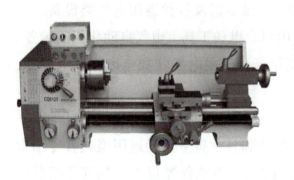

图1-22 普通车床

图1-23 自动化生产线

（2）民生类机电设备

民生类机电设备是指用于人民生活领域的各种机械电子产品。例如，各种家用电器、家用加工机械（榨汁机如图1-25所示）、汽车电子化产品和健身运动机械（跑步机如图1-26所示）等都属于民生类机电设备。

图1-24 纺织机械

图1-25 榨汁机

（3）信息类机电设备

信息类机电设备是指用于信息采集、传输和存储处理的电子机械产品。例如，计算机、打印机、一体机（图1-27）、传真机和通信设备等都属于信息类机电设备。

图 1-26　跑步机

图 1-27　一体机

二、机电设备的组成

任何机电设备都是由设备的本体和设备的功能实现部分组成的。设备的本体是设备的基础部分，对设备的其他部分起到连接、固定和承载的作用，使设备构成一个整体。设备的机体、支架、外观装饰等都属于设备的本体。对于设备的本体，除了要求美观实用以外，更重要的是满足设备质量、刚度、工作精度及稳定性等方面的要求。

传统机电设备的功能实现部分可以分为原动部分、传动部分和工作部分。原动部分是设备的动力源，如机电设备中的电动机和发动机等。传动部分是中间环节，负责把原动部分的运动和动力传递给工作部分，一般通过机械传动、液压传动和气压传动等形式来实现。工作部分是完成预定功能的终端部分，如普通车床的主轴、托板，升降机的平台和洗衣机的波轮等。

现代机电设备已经渗透到我们日常生活的各个领域，技术越来越先进，功能越来越强大，它们的结构也发生了较大的变化，对原动部分和工作部分提出了新的要求。传动部分在很大程度上实现了机、电、液、气等的一体化。现代机电设备的功能实现部分不仅有原动部分、传动部分和工作部分，还包括自动检测与自动控制系统。

机电设备的各个组成部分相辅相成、密不可分，但对于每一组成部分来讲，又有着自身的工作特点和结构型式。熟悉机电设备的基本构成，有助于深入、系统地分析各种机电设备的结构特点和工作原理，进而可以正确地使用、维护和维修机电设备。

下面就从动力源、传动装置、检测与传感装置和控制系统等几个方面简要了解机电设备的基本构成。

1. 动力源

任何机电设备都离不开动力。电能、风能、热能、太阳能、核能和化学能等都可以作为机电设备的动力来源。在现代机电设备中最常用的动力源就是电动机，它是根据电磁感应原理工作的，将输入的电能转换为机械能并输出，而且电动机不仅能作为能量的来源，在自动控制系统中还具有检测、反馈和执行等方面的功能。

电动机广泛应用于各种机电设备中，输出的功率从百万分之几瓦到一千兆瓦以上，转速从数天一转到每分钟几十万转，品种和规格繁多，可适用于各种工作环境。

（1）电动机的分类

1）按工作电源分类：可分为直流电动机和交流电动机。其中，交流电动机还可分为单相电动机和三相电动机。

2）按结构及工作原理分类：可分为直流电动机、异步电动机和同步电动机。同步电动机可分为永磁同步电动机、磁阻同步电动机和磁滞同步电动机。异步电动机可分为感应电动机和交流换向器电动机。感应电动机又分为单相异步电动机和三相异步电动机等。

3）按起动与运行方式分类：可分为电容起动式单相异步电动机、电容运转式单相异步电动机、电容起动运转式单相异步电动机和分相式单相异步电动机。

4）按用途分类：可分为驱动用电动机和控制用电动机。驱动用电动机又分为电动工具用电动机、家电用电动机及其他通用小型机械设备用电动机。控制用电动机又分为步进电动机和伺服电动机等。

5）按转子的结构分类：可分为笼型感应电动机和绕线转子感应电动机。

6）按运转速度分类：可分为高速电动机、低速电动机、恒速电动机和调速电动机。

7）按防护型式分类：可分为开启式和封闭式电动机。

（2）常用电动机的性能特点

电动机种类繁多，下面只介绍普通直流电动机和同步、异步两种交流电动机的特点。

1）直流电动机：将直流电能转换为机械能。

① 优点：调速范围大，速度变化平滑，可以实现精确调速；过载能力大，可以承受频繁的冲击负载，能够实现频繁的无级快速起动、制动和反转。

② 缺点：结构复杂、维护工作量大、价格高；对使用环境要求比较高。

2）同步电动机：是一种交流电动机，其转速与旋转磁场的转速同步，即转子转速与电动机所接电网频率之间有恒定的比例关系。

① 优点：转速恒定，电动机的转速不因负载的大小变化而改变；功率因数可调；效率高；运行稳定性好。

② 缺点：相对异步电动机而言，结构比较复杂，成本较高。

3）异步电动机：是一种交流电动机，转子转速与旋转磁场转速不同步，存在转差，即电动机负载的转速与所接电网频率之间不是恒定的比例关系。异步电动机是应用最为广泛的一种电动机。

① 优点：结构简单，制造、使用和维护方便，运行可靠、质量小、成本较低；具有较高的运行效率和较好的工作特性，从空载到满载整个负载变化范围内接近恒速运行；便于派生出各种防护型式，可以适应不同生产环境的要求。

② 缺点：功率因数比较低。

（3）选择电动机的基本原则

交流电动机结构简单、价格便宜、维护容易，直流电动机在起动、制动和调速等方面具有优势，两者各有优缺点，因此在选择电动机时应遵循以下原则：

1）在满足工作要求的前提下，一般应优先选择交流电动机。在操作特别频繁，容易引起电动机发热，交流电动机起动性能不能满足机械要求时选用直流电动机。

2）在驱动机械需要调速的情况下，要综合考虑转速、功率、电动机损耗及工作环境等多方面因素，按照先交流后直流的顺序合理选择电动机的类型。

2. 传动装置

传动装置是一种将动力源输出的运动和动力传递给设备工作终端的装置。常用的传动装置主要有带传动、螺旋传动、齿轮传动以及液压与气压传动。机电设备的传动装置可以采用其中一种或几种传动装置的组合。

下面简单介绍一下几种传动装置。

(1) 带传动

带传动是利用传动带与带轮之间的摩擦或者啮合来进行运动或动力传递的一种机械传动。带传动具有传动平稳、无噪声等优点。带传动示意图如图 1-28 所示。

带的种类繁多，根据带的横截面形状的不同有平带、V 带和圆带等。常用的带如图 1-29 所示。

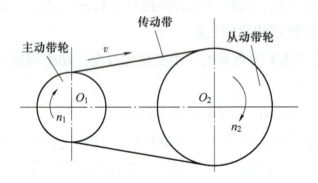 

图 1-28　带传动示意图　　　　　图 1-29　各种类型的带

根据传动原理的不同，有靠传动带与带轮间的摩擦力传动的摩擦型带传动（图 1-30），其传动比不准确，过载时容易出现打滑的现象，也有靠传动带与带轮上的齿相互啮合传动的同步带传动（图 1-31），其传动比比较准确。

图 1-30　摩擦型带传动　　　　　图 1-31　同步带传动

(2) 螺旋传动

螺旋传动是靠螺旋与螺纹牙面旋合实现回转运动与直线运动转换的机械传动。台虎钳就采用了螺旋传动，如图 1-32 所示。

螺旋传动按其在机械中的作用可分为传力螺旋传动、传导螺旋传动和调整螺旋传动。

1）传力螺旋传动：以传递力为主，可用较小的转矩转动产生轴向运动和大的轴向力，如螺旋压力机和螺旋千斤顶等，一般在低转速下工作，每次工作时间短或间歇工作。

2）传导螺旋传动：以传递运动为主，常用作实现机床中刀具和工作台的直线进给，通常工作速度较高，在较长时间内连续工作，要求具有较高的传动精度。

3）调整螺旋传动：用于调整或固定零件（或部件）之间的相对位置，如带传动中调整中心距的张紧螺旋，一般不经常转动。

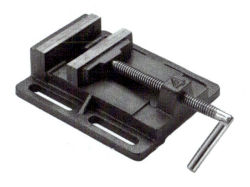

图1-32 台虎钳

按螺纹间的摩擦性质，螺旋传动可分为滑动螺旋传动（图1-33）和滚动螺旋传动（图1-34）。

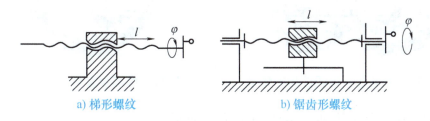

a) 梯形螺纹　　　　　b) 锯齿形螺纹

图1-33 滑动螺旋传动示意图

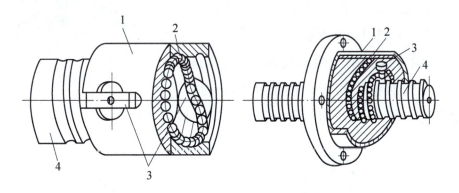

图1-34 滚动螺旋传动示意图

1—螺母　2—滚珠　3—回程引导装置　4—丝杠

滑动螺旋通常采用梯形螺纹和锯齿形螺纹，其中梯形螺纹应用最广，锯齿形螺纹用于单面受力。矩形螺纹由于工艺性较差、强度较低等原因应用很少。对于受力不大和精密机构的调整螺旋，有时也采用三角形螺纹。

(3) 齿轮传动

齿轮传动是指由齿轮副传递运动和动力的装置，它是现代各种设备中应用最广泛的一种机械传动方式。它的传动比较准确，具有效率高、结构紧凑、工作可靠、寿命长的优点。

齿轮传动按照相互啮合齿轮之间齿面的形状可以分为以下几种形式。

1) 直齿圆柱齿轮传动：主要用于传递两平行轴之间的运动和动力。按照齿轮齿面啮合位置的不同，直齿圆柱齿轮传动分为外啮合的直齿圆柱齿轮传动（图1-35）和内啮合的直齿圆柱齿轮传动（图1-36）两种形式，前者两个齿轮之间的运动方向相反，后者两个齿轮之间的运动方向相同。

图1-35 外啮合直齿圆柱齿轮传动

图1-36 内啮合直齿圆柱齿轮传动

2) 斜齿圆柱齿轮传动：主要用于传递两平行轴之间的运动和动力。它与直齿圆柱齿轮传动相比，承载能力大、传动平稳，但在工作时会产生轴向力，如图1-37所示。

3) 锥齿轮传动：用于两相交轴之间运动和动力的传递。按照锥齿轮齿面的形状又分为直齿锥齿轮传动（图1-38）和斜齿锥齿轮传动（图1-39）。

图1-37 斜齿圆柱齿轮传动

图1-38 直齿锥齿轮传动

图1-39 斜齿锥齿轮传动

4）齿轮齿条传动：用于将齿轮的旋转运动转变为齿条的直线往复运动，也可以把齿条的直线往复运动转变为齿轮的旋转运动。在大行程传动机构中往往采用齿轮齿条传动，主要是由于它的精度、刚度和工作性能不会因为行程的增大而明显降低，同时还可以大幅度降低齿轮的外形尺寸，如图 1-40 所示。

5）蜗杆传动：通过蜗轮与蜗杆来传递两交错轴之间的运动和动力。蜗轮与蜗杆在其中间平面内相当于齿轮与齿条，蜗杆又与螺杆形状相似，如图 1-41 所示。

图 1-40　齿轮齿条传动

图 1-41　蜗杆传动

（4）液压与气压传动

液压与气压传动是现代化机电设备中经常采用的一种传动方式。液压传动因其结构简单、体积小、重量轻、输出力大、易于实现无级调速的特点，广泛应用于机械制造、汽车工业、航空工业、工程机械、建筑机械、锻压机械和矿山机械等行业；气压传动因其无油、无污染的特点，广泛应用于食品机械、包装机械、电子工业、印染机械等行业。又因两者都易于实现自动控制，所以与电子技术一起成为生产过程自动化不可缺少的手段，其应用广泛，发展前景广阔。图 1-42 所示为液压式起重机工作原理示意图。

1）液压与气压传动的区别。气压传动和液压传动的工作原理和基本回路是相同的，但介质不同，气压传动采用的介质是空气，液压传动采用的介质是液压油。因此，气压传动和液压传动在性质上存在一定的差别。

① 液压传动比气压传动压力高、动力大。负载重的必须用液压传动。

② 液压传动比气压传动精度高。气缸一般只有伸出和缩回两个动作，液压机

构的动作多样,加了比例阀或伺服阀后,可以实现动作的加速和减速。

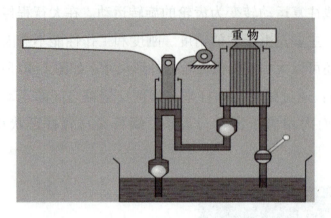

图 1-42 液压式起重机工作原理示意图

③ 要求在中间位置有停顿的必须用液压缸。气缸也能停顿,但位置偏差过大。

④ 气体压缩时体积变化率太大,液体压缩时体积的变化率很小。

2) 液压传动的优缺点。

① 优点:

a) 由于液压传动是油管连接,借助油管的连接可以方便灵活地布置传动机构,这是比机械传动优越的地方。例如,在井下抽取石油的泵可采用液压传动来驱动,以克服长驱动轴效率低的缺点。由于液压缸的推力很大,又加之容易布置,在挖掘机等重型工程机械上,液压传动已基本取代了老式的机械传动,不仅操作方便,而且外形美观大方。

b) 液压传动装置的质量轻、结构紧凑、惯性小。例如,功率相同的条件下,液压马达的体积为电动机的 12%~13%。目前液压泵和液压马达单位功率的质量指标是发电机和电动机的 1/10,液压泵和液压马达可小至 0.0025N/W,发电机和电动机则约为 0.03N/W。

c) 可在大范围内实现无级调速。借助阀或变量泵、变量马达,液压传动可以实现无级调速,调速范围可达 1:2000,并可在液压装置运行的过程中进行调速。

d) 传递运动均匀、平稳,负载变化时速度较稳定。正因为此特点,金属切削机床中磨床的传动系统现在几乎都采用液压传动。

e) 液压装置易于实现过载保护(借助于设置溢流阀等),同时液压件能自行润滑,因此使用寿命长。

f）液压传动容易实现自动化（借助于各种控制阀），特别是将液压控制和电气控制结合使用时，能很容易地实现复杂的自动工作循环，而且可以实现遥控。

g）液压元件已实现了标准化、系列化和通用化，便于设计、制造和推广使用。

② 缺点：

a）液压系统中的漏油等因素，影响运动的平稳性和准确性，使得液压传动不能保证严格的传动比。

b）液压传动对油温的变化比较敏感，温度变化时，液体黏度变化，引起运动特性的变化，使得工作的稳定性受到影响，所以它不宜在温度变化很大的环境条件下工作。

c）为了减少油液泄漏，以及满足某些性能上的要求，液压元件的配合件制造精度要求较高，加工工艺较复杂。

d）液压传动要求有单独的能源，不像电源那样使用方便。

e）液压系统发生故障不易检查和排除。

3）气压传动的优缺点。

① 优点：

a）使用成本低。由于空气随处可取，取之不尽，节省了购买、储存、运输介质的费用和麻烦。用后的空气可直接排入大气，对环境无污染，处理方便。不必设置回收管路，因而也不存在介质变质、补充和更换等问题。

b）与液压传动相比，气压传动反应快、动作迅速、维护简单，管路不易堵塞。

c）气动元件结构简单、制造容易，适于标准化、系列化和通用化。

d）气动系统对工作环境适应性好，特别在易燃、易爆、多尘埃、强磁、辐射、振动等恶劣工作环境中工作时，安全可靠性优于液压、电子和电气系统。

e）空气具有可压缩性，使气动系统能够实现过载自动保护，也便于储气罐储存能量，以备急需。

f）排气时，气体因膨胀而温度降低，因而气动设备可以自动降温，长期运行也不会发生过热现象。

② 缺点：

a）运动平稳性较差。因空气可压缩率较大，其工作速度受外负载变化影响大。

b) 工作压力较低（0.3~1MPa），输出力或转矩较小。

c) 空气净化处理较复杂。气源中的杂质及水蒸气必须净化处理。

d) 因空气黏度小，润滑性差，需设置单独的润滑装置。

e) 有较大的排气噪声。

3. 检测与传感装置

为了实现机电设备的自动控制，必须对设备的运行过程进行监控，通过监控及时掌握机电设备的各种相关信息，才能保证设备的正常运行。检测与传感装置的作用就是及时检测设备运行过程中的各种物理量，并将检测获得的数据转换为电信号传送到机电设备的信息处理装置中。例如，我们日常生活中冰箱、空调器对温度的检测，电梯对速度、负载及运行位置的检测，旅馆、饭店等场所对烟雾浓度的检测等都离不开检测与传感装置。

（1）自动检测系统的组成

如图1-43所示，传感器将测试对象的信息经过采集、测量、转换后变成电路可以识别的信号，并通过信号分析与记录仪器将信号显示或者输出。

图1-43 自动检测系统组成示意图

（2）常用传感器的组成与类型

传感器的应用

传感器（Transducer/Sensor）是一种检测装置，它能感受到被测量的信息，并能将感受到的信息按一定规律变换成电信号或其他所需形式的信息输出，以满足信息的传输、处理、存储、显示、记录和控制等要求。汽车用传感器如图1-44所示。

传感器是自动检测系统中最重要的元器件。随着机电设备的发展，对传感器的要求也越来越高，传感器逐渐呈现出微型化、数字化、智能化、多功能化、系统化和网络化等特点。传感器的存在，让物体仿佛有了触觉、味觉和嗅觉等感官，让物体变得活了起来。

1）常用传感器的组成。传感器一般由敏感元件、转换元件、变换电路和辅助电源四部分组成，如图1-45所示。

项目一 概 述

图 1-44 汽车用传感器

图 1-45 传感器组成示意图

2) 常用传感器的类型。按照被测量转换成电路中电信号的类型,传感器分为以下几种。

① 电阻式传感器。电阻式传感器是将被测量（如位移、形变、力、加速度、湿度、温度等）转换成电阻值的一种器件。主要有电阻应变式、压阻式、热电阻、热敏、气敏、湿敏等电阻式传感器件。图 1-46 所示为一种常用的电阻式传感器。

图 1-46 电阻式传感器

电阻式传感器与相应的测量电路组成的测力、测压、称重、测位移、测加速度和测扭矩等的测量仪表是冶金、电力、交通、石化、商业、生物医学和国防等部门进行过程检测和实现生产过程自动化不可缺少的工具之一。

② 电容式传感器。电容式传感器是以各种类型的电容器作为传感元件，将被测物理量或机械量转换成电容量变化值的一种转换装置，其实质就是一个具有可变参数的电容器。电容式传感器广泛用于位移、角度、振动、速度、压力、成分分析、介质特性等方面的测量。电容式传感器如图 1-47 所示。

27

③ 电感式传感器。电感式传感器是利用线圈自感或互感系数的变化来实现非电量电测的一种装置。利用电感式传感器，能对位移、压力、振动、应变和流量等参数进行测量。它具有结构简单、灵敏度高、输出功率大、输出阻抗小、抗干扰能力强及测量精度高等一系列优点，因此在机电控制系统中得到了广泛的应用。它的主要缺点是响应较慢，不宜用于快速动态测量，而且传感器的分辨率与测量范围有关，测量范围大，分辨率低，反之则高。电感式传感器如图 1-48 所示。

图 1-47　电容式传感器

图 1-48　电感式传感器

④ 光电式传感器。光电式传感器是基于光电效应的传感器，在受到可见光照射后即产生光电效应，将光信号转换成电信号输出。它除了能测量光强之外，还能利用光线的透射、遮挡、反射和干涉等测量多种物理量，如尺寸、位移、速度和温度等，因而是一种应用极广泛的重要传感器。光电测量时不与被测对象直接接触，光束的质量又近似为零，在测量中不存在摩擦，对被测对象几乎不施加压力。因此在许多应用场合，光电式传感器相比其他传感器有明显的优越性。其缺点是在某些应用方面，光学器件和电子器件价格较贵，并且对测量的环境条件要求较高。方向盘转角传感器就是一种常用的光电式传感器，其外观及工作原理如图 1-49 所示。

⑤ 数字式传感器。数字式传感器是指将传统的模拟式传感器经过加装或改造 A/D 转换模块，使之输出信号为数字量（或数字编码）的传感器。它具有检测精度高、抗干扰性强、易于实现测量数据的计算机处理等优点，在数控机床、工业机器人等机电一体化设备中用来测量转速、位移、方向或者计数等，如图 1-50 所示。

项目一　概　　述

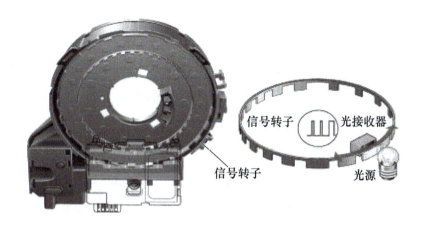

图 1-49　方向盘转角传感器的外观及工作原理图

图 1-50　数字式传感器

4. 控制系统

控制系统是现代机电设备中重要的组成部分之一，主要用来实现控制及处理信息的功能。机电设备中其他部分要在控制系统的统一控制和协调下才能实现自身的功能。在控制系统的日常应用中，由于控制对象不同，控制装置的原理和结构千差万别。

例如，在汽车的驱动系统中，汽车的速度是其加速器位置的函数。通过控制加速器踏板的压力可以保持所希望的速度（或可以达到所希望的速度变化）。这个汽车驱动系统（加速器、汽化器和发动机）就是一个控制系统。而在全自动工业锅炉中，锅炉出水的温度与锅炉的风机、输送燃料的传动装置之间形成了一个控制系统，这个系统按照设定要求工作。汽车驱动系统和锅炉自动控制系统控制的分别为速度和温度，因此，两者的结构存在着巨大差异。

虽然由于控制系统的控制对象不同，控制系统的结构和控制原理存在较大的差异，但其组成基本相同。

（1）控制系统的组成

控制系统一般是由控制装置、执行机构、被控制对象及检测与传感装置等部分组成。被控制对象在控制装置和执行机构的驱动下，按照预先设置的规律或者要求运行。控制系统结构组成框图如图 1-51 所示。

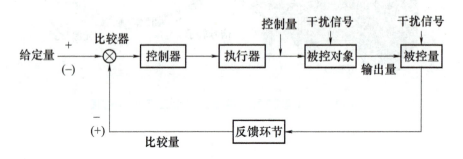

图 1-51　控制系统结构组成框图

（2）控制系统的分类

1）按照有无反馈，分为开环控制系统和闭环控制系统。

① 无反馈的控制系统称为开环控制系统（Open-loop Control System）。这种系统的输入直接供给控制器，并通过控制器对受控对象产生控制作用。其主要优点是结构简单、价格便宜、容易维修；缺点是精度低，容易受环境变化（如电源波动、温度变化等）的干扰。

② 有反馈的控制系统称为闭环控制系统（Closed-loop Control System）。这种系统将输入与反馈信号比较后的差值（即偏差信号）加给控制器，然后再调节受控对象的输出，从而形成闭环控制回路。所以，闭环控制系统又称为反馈控制系统，这种反馈称为负反馈。与开环控制系统相比，闭环控制系统具有突出的优点，包括精度高、动态性能好、抗干扰能力强等。它的缺点是结构比较复杂，价格比较贵，对维修人员要求较高。

2）根据采用的信号处理技术不同，分为模拟控制系统和数字控制系统。

① 模拟控制系统是指采用模拟技术处理信号的控制系统。

② 数字控制系统是指采用数字技术处理信号的控制系统。

3）根据输入量是否恒定，分为恒值控制系统和随动系统。

① 输入量是恒定的，这种控制系统一般称为恒值控制系统，如恒速电动机、恒温热炉等。

② 输出量随着输入量的变化而变化，这种控制系统称为随动系统，如导弹自动瞄准系统等。

(3) 控制系统的应用

控制系统已被广泛应用于人类社会的各个领域。

在工业方面，对于冶金、化工、机械制造等生产过程中遇到的各种物理量，包括温度、流量、压力、厚度、张力、速度、位置、频率、相位等，都有相应的控制系统。在此基础上通过采用数字计算机还建立起了控制性能更好和自动化程度更高的数字控制系统，以及具有控制与管理双重功能的过程控制系统。图 1-52 所示为工业锅炉控制系统应用示意图。

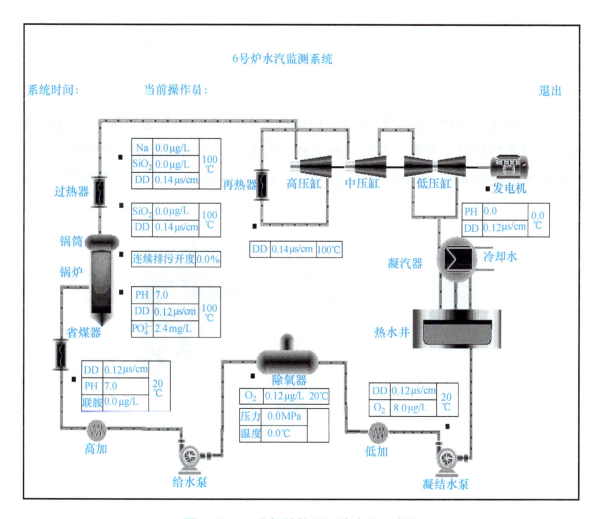

图 1-52　工业锅炉控制系统应用示意图

控制系统在农业方面的应用包括水位自动控制系统、农业机械的自动操作系统等。农业灌溉系统应用示意图如图 1-53 所示。

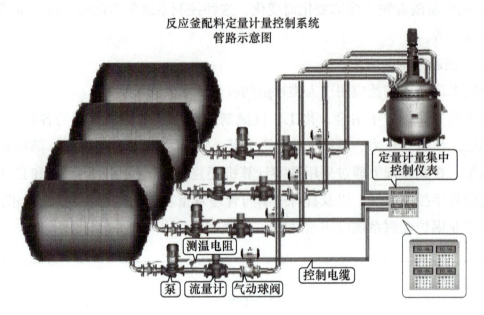

图 1-53　农业灌溉系统应用示意图

在军事技术领域，自动控制的应用实例有各种类型的伺服系统、火力控制系统、制导与控制系统等。在航空航天和航海方面，控制系统应用的领域还包括导航系统、遥控系统和各种仿真器。轮船导航控制系统应用示意图如图 1-54 所示。

图 1-54　轮船导航控制系统应用示意图

我们日常见到的机电设备从用途上看都属于哪一类？

延伸阅读

世界上第一台发电机的诞生

丹麦哥本哈根大学的奥斯特教授发现了电和磁的奇特现象,当他把一根通过电流的铁丝靠近指南针时,指南针的磁针竟受到铁丝的吸引,跳动地改变了方向。但当时并没有人能解释其中的原因,也没有引起人们足够的重视。1920年,德斐教授终于揭开了这个秘密。他通过许多实验证明:凡是铁与钢被环绕着一根通过电流的铁丝,它便成为了磁铁,这就是"电磁铁"。

这一发现引起了当过七年订书工人而自学成才的英国青年法拉第(1791—1867)(法拉第像如图1-55所示)的强烈兴趣。他找来了电池、铁丝和磁针,亲自动手做了这个实验。这是人类发明史上最有趣的"魔术"之一。当铁丝一通上电流,铁丝附近的磁针就被无形的"魔力"引向一边,而通电铁丝放在磁针上面时,磁针偏向一边,放在下面时,磁针就会偏向反方向。在德斐教授的帮助下,在前人研究成果的基础上,1821年,法拉第发现了电和磁的另一相反现象,这就导致了"感应电流"的产生。

图1-55 法拉第像

1822年的一天,法拉第在日记中提出:"既然通电可以产生磁铁,那么,为什么不能用电磁铁产生电呢?我一定要反过来试一试,转磁为电!"1831年10月17日,法拉第把一块圆形磁石插入绕有铜丝圈的长筒内,忽然电流计上的指针动了起来,他又迅速地将磁石抽出来,指针晃了几下。他简直不相信自己的手和眼睛,因为如果电流计没有出什么毛病的话,这就证明电流产生了!在这以前,他已进行了无数次的实验,但每一次都是失败。为了证实刚才的实验结果是否真正可靠,他把磁石反复在铜丝筒里插入、拔出,一连做了好几次后才真正相信，电流计确实随着磁石在铜丝筒内的移动而显示出电流的存在！

于是，他得出了这样的结论：运动是产生感应电流的必要条件，金属必须切割磁力线才能产生感应电流。

法拉第发现了感应电流之后，接着就创造了一部发电机：将一个铜圆饼嵌在一块恒磁石的两极之间，铜圆饼的周围粘连着许多铜条与铅条，当铜圆饼转动时，便产生了接连不断的电流，这就是最早的发电机。法拉第发明的世界上第一台发电机发电原理示意图如图1-56所示。

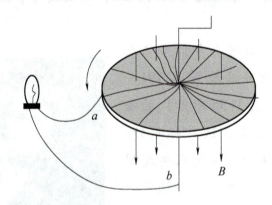

图1-56　世界上第一台发电机发电原理示意图

法拉第试制出了世界上第一台发电机，为人类利用电能做出了巨大贡献。由于法拉第在电磁学方面的卓越成就和突出贡献，后人为了纪念他，将电容器的容量单位命名为"法拉"，用字母"F"表示。1866年，德国电工学家、实业家恩斯脱·韦尔纳·冯·西门子研制出了自激励式发电机；1870年，比利时科学家Z.T.克拉姆又在前人基础上研制出了自激励式直流发电机。在经过一系列改进之后，电机技术日趋成熟。从1877年开始，真正实用的发电机逐步进入商业化生产阶段。

基础训练

一、填空题

1. 按照国家标准的分类方法分类，机电设备分为_____，_____，_____和_____四大类。

2. 机电设备按照用途可以分为_____、_____和_____三大类。

3. 任何机电设备都是由设备的_____和设备的_____组成的。

4. 传统机电设备的功能实现部分可以分为_____、_____和_____。

5. 在现代机电设备中最常用的动力源是_____，它是将输入的_____转换为_____的装置，而且在自动控制系统中还具有_____、_____和_____等方面的功能。

6. 电动机按工作电源分类，可分为_____和_____。其中，_____还可分为单相电动机和三相电动机。

7. 电动机按结构及工作原理分类，可分为_____、同步电动机和异步电动机。同步电动机可分为_____、_____和_____。异步电动机可分为_____和_____。

8. 电动机按起动与运行方式分类，可分为_____单相异步电动机、_____单相异步电动机、_____单相异步电动机和_____单相异步电动机。

9. 电动机按用途分类，可分为_____和_____。

10. 带传动是依靠传动带与带轮之间的_____或者_____来传递运动和动力的。

11. 螺旋传动按其在机械中的作用可分为_____、_____和_____。

12. 齿轮传动是指由齿轮副传递运动和动力的装置，它具有_____、_____、_____、_____、_____等优点。

13. 按照被测量转换成电路中电信号的类型，传感器一般分为_____、_____、_____、_____和_____等类型。

14. 控制系统一般是由_____、_____、_____及_____等部分组成。

15. 控制系统按照有无反馈分类，可分为_____和_____。

二、简答题

1. 同步电动机和异步电动机相比，各有哪些优缺点？
2. 常用的传动装置有哪些类型？

3. 齿轮传动按照相互啮合齿轮之间齿面的形状可以分为哪几种类型？
4. 液压传动有哪些优缺点？
5. 气压传动有哪些优缺点？
6. 开环控制系统和闭环控制系统各有哪些优缺点？

三、思考题

1. 请说出你所见过的、听过的机电设备，哪些属于产业类机电设备？哪些属于民生类机电设备？哪些属于信息类机电设备？
2. 请举例说明在日常生产和生活中控制系统的应用。

学习任务三　机电设备的日常管理与安全使用规范

学习目标

1. 了解机电设备管理的目的和任务。
2. 掌握7S管理的主要内容。
3. 掌握设备维护的"四项要求"。
4. 了解日常维护和定期维护的工作内容。
5. 掌握设备润滑的作用和润滑方式的选择。
6. 了解设备修理的种类和修理的内容。
7. 了解机电设备安全使用规范的相关知识。

相关知识

一、机电设备管理的目的和主要任务

1. 机电设备管理的目的

在机电设备的使用过程中，设备能否发挥应有的功用，除了受到设备自身的稳定性和技术先进性等因素制约以外，还与设备管理水平高低有着密不可分的联系。作为机电设备的使用人员或维修人员，了解设备日常的管理知识，掌握设备的安全操作规范，对于提高设备的使用效率至关重要。因此，对机电设备进行管

理的目的就是提高机电设备的使用效率、减少设备事故率、减少设备维修投入、延长设备使用寿命、保证设备的安全顺利运行。

2. 机电设备管理的主要任务

随着科学技术的发展，机电设备的管理已经从最初简单的日常管理发展成为一门新兴的学科，称之为设备工程。设备工程涵盖了设备生命周期的全过程，它的主要任务包括设备的资产管理、设备的使用与维护、设备润滑管理、设备的状态管理、设备的修理、备件管理、动力设备与能源管理、设备的改造与更新、设备的报废等。设备的维护、设备的润滑及设备的修理是设备管理工作的主要任务。

（1）机电设备的 7S 管理

1）7S 管理的主要内容。现代化的企业对设备管理提出了更高的要求，由单一的设备管理延伸到对生产现场的人员、机器、材料、方法、信息等各种生产要素进行的全面综合管理。综合管理的概念最早来源于日本，综合管理的内容主要包括日文中的整理（Seiri）、整顿（Seiton）、清扫（Seiso）、清洁（Seiketsu）和素养（Shitsuke）五个方面，因为五个单词的首个字母都是"S"，所以称为 5S 管理。后来由于综合管理内涵的扩大，增加了安全（Safety）和节约（Saving）两个方面的任务，这两个英文单词的首字母也是"S"，以上七个方面的管理合起来称为 7S 管理。具体工作内容如下。

① 整理：增加作业面积，物流畅通、防止误用等。

② 整顿：工作场所整洁明了，一目了然，减少取放物品的时间，提高工作效率，保持工作区秩序井井有条。

③ 清扫：清除现场内的脏污，清除作业区域的物料垃圾。

④ 清洁：使整理、整顿和清扫工作成为一种惯例和制度，是标准化的基础，也是一个企业形成企业文化的开始。

⑤ 素养：让员工成为一个遵守规章制度，并具有良好工作素养的人。

⑥ 安全：保障员工的人身安全，保证生产连续、安全、正常地进行，同时减少因安全事故带来的经济损失。

⑦ 节约：对时间、空间、能源等方面合理利用，以发挥它们的最大效能，从而创造一个高效率、物尽其用的工作场所。

2）7S 管理的作用。7S 的管理方式保证了公司优雅的生产和办公环境、良好的工作秩序和严明的工作纪律，同时也是提高工作效率，生产高质量、精密化产品，减少浪费，节约物料成本和时间成本，实现企业效益最大化的目标。

（2）机电设备的维护

机电设备的操作者除了合理使用设备之外，还必须按照要求对设备进行维护，这样才能保持设备的正常技术状态，延长设备的使用寿命。设备维护是设备管理的重要内容之一，也是设备操作者应尽的职责之一。

1）机电设备维护的四项要求。设备维护必须达到以下四项要求。

① 整齐：工具、工件、附件摆放整齐，设备零件及安全防护装置齐全。

② 清洁：设备内外清洁、无污染。

③ 润滑：润滑装备齐全，符合使用要求。

④ 安全：设备使用时注意观察其运行情况，不出安全事故。

2）机电设备维护的工作任务。机电设备的维护分为日常维护和定期维护。对于不同的设备，具体维护项目不同，但维护的程序和基本要求是一致的。

① 机电设备的日常维护。机电设备的日常维护包括每班维护和周末维护。每班维护的主要任务有工作前对设备进行点检，查看设备有无异状，检查油箱及润滑装置的油质、油量是否满足要求，并按照润滑要求对设备进行润滑，检查安全装置及电源等状态是否良好。确认无误后，让设备空载运行，待设备润滑正常及其他各部分无异常后方可工作。如有异常，应立即停机修理。对于自己不能排除的故障，要按照规定的手续交维修人员维修，维修完毕后，要做好检修记录及完成设备交接手续。下班前要清扫擦拭设备，切断电源，清理工作场地，保持设备整洁，重要的部位要按照维护要求进行特殊的维护。

周末维护是在每个周末和节假日，用一定的时间清洗设备、清除油污，达到维护的"四项要求"。

② 机电设备的定期维护。机电设备的定期维护是以时间为基础的定期维护作业。它根据设备的磨损规律，预先确定维护的类别、维护间隔期及维护的工作量，适用于已掌握设备磨损规律和在生产过程中难以停机维修的流程生产、动能生产、自动线以及大批量生产中使用的主要设备。设备不同，定期维护的时间和内容也存在较大的差异。

（3）机电设备的润滑

润滑是通过润滑剂来改善摩擦副的摩擦状态，以降低摩擦阻力、减缓磨损的一种技术方法。

1）润滑的作用。

① 降低摩擦。润滑剂的使用可以使摩擦表面之间的干摩擦变为液体摩擦或者混合摩擦，使摩擦系数减小，从而减轻摩擦，减小运动阻力，降低动力消耗。

② 减少磨损。润滑剂能够有效降低机件的磨损，同时润滑剂的冲洗作用还可以带走磨屑，减少磨屑对摩擦表面的破坏。

③ 防锈保护。润滑剂依附于机件表面形成保护膜，隔离了金属与外界有害介质的接触，可以减少金属表面的氧化生锈，对机件表面起到防锈保护的作用。

④ 吸收振动。润滑剂一般具有一定的弹性，能有效吸收机械的振动。

⑤ 密封。润滑脂润滑既能使润滑剂不易流失、不易泄露，而且能够阻止杂质进入摩擦副表面，起到密封作用。

⑥ 降低温升。摩擦表面之间存在的干摩擦会产生较多的热量，造成摩擦副之间温度上升较快。润滑剂可以改变摩擦性质，吸收摩擦产生的热量，同时由于润滑剂的流动，可以带走大量热量，起到降温的作用。

2）润滑的方式。根据润滑过程中采用的润滑剂类型及润滑剂供应方式的不同，润滑主要有以下几种方式。

① 油润滑：向润滑表面施加润滑油。

② 滴油润滑：针阀油杯和油芯油杯都可以做到连续滴油润滑，两者的区别就是针阀油杯在停车时同时停止供油，而油芯油杯在停车时继续滴油，会造成浪费。

③ 油环润滑：油环套在轴颈上，下部浸在油中，当轴颈转动时会带动油环转动，将油带到轴颈表面进行润滑。

④ 飞溅润滑：利用转动件或曲轴的曲柄等使润滑油形成油星以润滑轴承。

⑤ 压力循环润滑：用油泵进行压力供油润滑，可保证供油充分，能带走摩擦热以冷却轴承。

⑥ 脂润滑：只能间歇供应润滑脂，旋盖式油脂杯是应用最广的脂润滑装置，杯中装满润滑脂后，旋动上盖即可将润滑脂挤入轴承中，有的也使用油枪向轴承补充润滑脂。

3）润滑管理工作的实施。设备润滑管理工作主要有润滑工作的"五定"、设备的清洗换油、设备润滑状态的管理以及设备润滑工作计划与统计等。

① 设备润滑工作的"五定"：设备润滑工作要实行定点、定质、定时、定量和定人的科学管理。

a) 定点是指要明确每台设备的润滑点，它是设备润滑管理工作的基本要求和开展润滑工作的前提。

b) 定质是指要保证润滑材料的品种、质量和数量的要求。

c) 定时，也称为定期，是指要按照设备润滑卡片或者润滑图表所规定的加、换油的时间加油和换油。同时，对于大型油池中的润滑油要定期进行取样检测，确保油品的质量。

d) 定量是指要按照规定的数量注油、补油或换油。

e) 定人是指要明确有关人员对设备润滑工作所承担的相应职责。

② 设备的清洗换油：润滑油在使用过程中，由于受到内、外部等各种因素影响，会发生物理或者化学变化而产生变质，变质的润滑油会加速机件的腐蚀和磨损，因此要及时更换变质的润滑油。

润滑油的更换主要有定期换油和按质换油两种方式。定期换油方式管理方便、实施容易，但对于使用不频繁的设备会造成不必要的浪费。按质换油则是根据设备润滑油油质的状态来确定润滑油更换还是延期继续使用，相对经济性比较好，更为合理和科学。因此，对于大型油池润滑油的更换一般采用按质换油方式。

(4) 机电设备的修理

机电设备在使用过程中，随着零部件磨损逐渐加大，技术状态逐渐劣化，设备的功能和精度也会随之难以满足使用要求，甚至发生故障。机电设备的修理是指修复由于日常或不正常原因而造成的设备损坏和精度劣化。

通过修理更换磨损、老化、腐蚀的零部件，可以使设备性能得到恢复。设备的修理和维护保养是设备维修的不同方面，二者由于工作内容与作用的区别是不能相互替代的，应把二者同时做好，以便相互配合、相互补充。

1) 设备修理的种类。根据修理范围的大小、修理间隔期长短、修理费用多少，设备修理可分为小修理、中修理和大修理三类。

① 小修理。小修理通常只需修复、更换部分磨损较快和使用期限等于或小于修理间隔期的零件，调整设备的局部结构，以保证设备能正常运转到计划修理时间。小修理的特点是：修理次数多，工作量小，每次修理时间短，修理费用计入生产费用。小修理一般在生产现场由车间专职维修工人执行。

② 中修理。中修理是对设备进行部分解体、修理或更换部分主要零件与基准件，或修理使用期限等于或小于修理间隔期的零件；同时要检查整个机械系统，紧固所有机件，消除扩大的间隙，校正设备的基准，以保证机器设备能恢复和达到应有的标准和技术要求。中修理的特点是：修理次数较多，工作量不太大，每次修理时间较短，修理费用计入生产费用。中修理的大部分项目由车间的专职维修工人在生产车间现场进行，个别要求高的项目可由机修车间承担，修理后要组织检查验收并办理送修和承修单位交接手续。

③ 大修理。大修理是指通过更换其主要零部件，恢复设备原有精度、性能和生产效率而进行的全面修理。大修理的特点是：修理次数少，工作量大，每次修理时间较长，修理费用由大修理基金支付。设备大修后，质量管理部门和设备管理部门应组织使用和承修单位有关人员共同检查验收，合格后送修单位与承修单位办理交接手续。

2）设备修理的方法。常用的设备修理方法主要有以下几种。

① 标准修理法，又称为强制修理法，是指根据设备零件的使用寿命，预先编制具体的修理计划，明确规定设备的修理日期、类别和内容。设备运转到规定的期限，不管其技术状况好坏，任务轻重，都必须按照规定的作业范围和要求进行修理。此方法有利于做好修理前的准备工作，有效保证设备的正常运转，但有时会造成过度修理，增加了修理费用。

② 定期修理法，是指根据零件的使用寿命、生产类型、工件条件和有关定额资料，事先规定出各类计划修理的固定顺序、计划修理间隔期及修理工作量。在修理前通常根据设备状态来确定修理内容。此方法有利于做好修理前的准备工作，有利于采用先进修理技术，减少修理费用。

③ 检查后修理法，是指根据设备零部件的磨损资料，事先只规定检查次数和时间，而每次修理的具体期限、类别和内容均由检查后的结果来决定。这种方法简单易行，但由于修理计划性较差，检查时有可能由于对设备状况的主观判断误差引起零件的过度磨损或故障。

二、机电设备的安全使用规范

机电设备能够正常使用的前提是必须符合安全生产的技术要求。对于不同类型的机电设备，安全技术要求内容不同，侧重点也不同，各项安全使用规定也存在较大的差异。例如，对于企业的电气设备，一般应着重强调触电安全保护、防雷防护、静电防护等安全技术规范要求，对于起重设备，应着重突出起重机的零部件、起重设备的操作以及起重质量等安全方面的要求。

1. 安全管理工作的任务

机电设备在使用场地安放的过程中，要在显著位置张贴安全生产责任制、设备操作规程等安全方面的相关要求，用以时刻提醒场地内的人员高度重视安全工作。安全工作关系着工作人员的身心健康和企业的稳定发展，离开了安全，一切工作无从谈起。安全管理主要是为了确保人员和设备整体系统的稳定性、安全性和可靠性，使人员和设备都能发挥应有的效能，同时又能使设备尽可能在现场环境中减轻人员的劳动强度和工作负荷，减少事故的发生，保证整个系统安全高效地运行。因此，安全管理工作内容范围广、程序严格。

常见的安全管理工作主要包括以下任务：

1）确定安全管理的目标和方针，并制订出相应的规划和具体工作计划。

2）详细科学地制订出各种安全管理工作预案，同时要明确最佳的实施方案。

3）要科学确定人员和设备的配置方案以及安全管理的操作策略。

4）制订科学严谨的安全生产事故紧急处理流程，确保将因安全事故造成的损失和影响降低到最低程度，保证安全工作有序、高效地实施。

2. 机电设备的安全使用规定

机电设备在使用过程中除了应该符合设备安全技术要求以外，还要遵守设备自身的安全使用规定。机械类机电设备是用途最广也最为常见的机电设备，下面就简要介绍一下机械类机电设备的安全使用规定的相关要求。

1）传动带，裸露的齿轮、砂轮、电锯、带轮、飞轮等要设置防护罩等防护设施。

2）压力机、打桩机、碾压机、冲压机、盾构机等压力机械的施压部分要安装安全防护装置。

3）起重机应标明起重吨位，并且要有信号装置，挂钩和钢丝绳要定期检查，起重吊运物品上方和吊臂回转半径内不允许站人，需要持证操作。

4）车床操作人员要戴眼镜，戴帽子，不允许戴手套，不能用手拉拽切屑，在车床卡盘回转、切屑飞出的方向上不允许站人，应停车变速。

5）电梯在运行过程中不能开启电梯门，乘客切勿在楼层与轿厢接缝处逗留，乘客不得倚靠轿厢门。电梯发生异常现象或故障时，乘客应保持镇静，可拨打轿厢内报警电话寻求帮助或等待救援，切不可擅自撬门。电梯需要专人维护和定期保养。

家用的冰箱在使用时应该有哪些注意事项？

起重机械的安全操作规程

起重机械广泛应用于设备安装、建筑生产等领域，它是安全生产监督部门重点监督和管理的设备。它的安全操作规程内容比较多，对于其他机电设备的安全操作具有借鉴和指导作用。起重机械的安全操作规程具体如下。

1) 操作人员必须熟悉电动行车、手拉葫芦、钢丝绳、吊环、卡环等起重工具的性能、最大允许负荷、使用、保养等安全技术要求，同时还要掌握一定的捆扎、吊挂知识。

2) 起重作业前，要严格检查各种设备、工具、索具是否安全可靠，若有裂纹、断丝等现象，必须更换有关器件，不得勉强使用。

3) 起重作业前，应事先清理起吊地点及通道上的障碍物。选择恰当的作业位置，并通知其余人员注意避让。吊运重物时，严禁人员在重物下站立或行走，重物也不得长时间悬在空中。

4) 选用钢丝扣的长度应适宜，采用多根钢丝绳吊运时，其夹角不得超过60°。吊运物体有油污时，应将捆扎处的油污擦净，以防滑动。锐利棱角应用软物衬垫，以防割断钢丝绳或链条。

5) 起重作业时，禁止用手直接校正已被重物拉紧的钢丝扣，发现捆扎松动或吊运机械发出异常声响，应立即停车检查，确认安全可靠后方可继续吊运。翻转大型物件，应事先放好枕木，操作人员应站在重物倾斜相反的方向，严禁面对倾斜方向站立。

> 6）起重作业时，应根据所吊物件的质量、形状、尺寸和结构正确选用起重机械。吊运时，操作人员应密切配合，准确发出各项指令信号。吊运物体剩余的绳头和链条必须绕在吊钩或重物上，以防牵引或跑链。
>
> 7）起重作业时，拉动手拉链条或钢丝绳应用力均匀、缓和，以免链条或钢丝绳跳动、卡环。手拉链条和行车钢丝绳拉不动时，应立即停止使用，检查修复后方可使用。
>
> 8）起重作业时，要注意观察物体下落中心是否平衡，确认松钩不致倾倒时方可松钩。
>
> 9）起重作业时，操作人员注意力要集中，不得随意接电话或离开工作岗位，如与其他人员协同作业，指令信号必须统一。
>
> 10）各类起重机械应在明显位置悬挂最大起重负荷标识牌，起吊重物时不得超出额定负荷，严禁超负荷使用。
>
> 11）手拉葫芦、电动行车在-10℃以下使用时，应以起重设施额定负荷的一半工作，以确保安全使用。
>
> 12）吊运物品要检查缆绳的可靠性，同时使用具有防止脱钩装置的吊钩和卡环。

基础训练

一、填空题

1. 7S 管理包括_____、_____、_____、_____、_____、_____和_____七个方面。
2. 机电设备维护的四项要求指的是_____、_____、_____和_____。
3. 机电设备的维护包括_____和_____。
4. 设备润滑管理中的"五定"指的是_____、_____、_____、_____和_____。

二、简答题

1. 设备润滑的作用是什么？润滑的方式有哪些？
2. 机电设备的日常维护有哪些主要工作？

3. 按照修理范围的大小，设备的修理有哪几种类型？

三、思考题

1. 机电设备的维护和维修有什么区别？

2. 请通过身边常用的机电设备举例说明它们的日常维护和定期维护任务有哪些？

项目二 典型产业类机电设备

产业类机电设备是指用于企业生产的设备。它的种类繁多，形状各异，结构千差万别，应用遍布工业、农业、国防等各个领域。企业生产中广泛使用的普通车床、普通铣床、数控机床、纺织机械、锅炉、起重机、自动化生产线、工业机器人、挖掘机等都属于产业类机电设备。

下面分别介绍金属切削机床、工业机器人、挖掘机和自动化生产线等几种典型产业类机电设备。

学习任务一 金属切削机床

 学习目标

1. 掌握机床的分类、型号表示方法和主要技术参数。
2. 了解 CA6140 型车床的主要结构，熟悉 CA6140 型车床的主要运动形式及其工作原理。
3. 了解 CA6140 型车床的安全操作规程及日常维护和保养。
4. 掌握数控车床的组成、分类和工作原理。
5. 掌握数控车床的基本操作流程。
6. 了解数控车床的安全操作规程及日常维护和保养。

 相关知识

金属切削机床是利用切削加工等方法加工金属工件，使之获得所要求的几何形状、尺寸精度和表面质量的机器，它是机械制造和维修行业的主要设备，通常简称机床。

一个国家机床工业的技术水平、机床拥有量及现代化程度，是衡量这个国家工业生产能力和技术水平的重要标志之一。

一、机床的分类、型号和主要技术参数

1. 机床的分类

金属切削机床（简称机床）的品种和规格繁多，对它们进行分类并编制型号，可以方便地进行区别、使用和管理。

（1）按加工性质和机床所使用的刀具分类

机床的传统分类方法主要是按加工性质和使用的刀具进行分类。根据我国制定的机床型号编制方法，目前将机床分为11大类：车床、钻床、镗床、磨床、齿轮加工机床、螺纹加工机床、铣床、刨插床、拉床、锯床及其他机床。常见金属切削机床如图2-1所示。

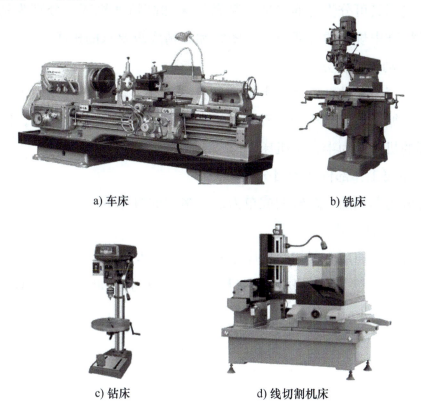

a) 车床　　　　　　　　b) 铣床

c) 钻床　　　　　　　　d) 线切割机床

图2-1　常见金属切削机床

（2）按工艺范围（通用性程度）分类

同类型机床又可以分为通用机床、专用机床和专门化机床。

1) 通用机床加工范围较广，在这类机床上可以进行多种零件不同工序的加工，通用性较好，但结构比较复杂，主要适用于单件小批量生产，如普通车床、卧式镗床、铣床等。

2) 专用机床的工艺范围最窄，一般是为加工某一种（或几种）零件的某一道特定工序而设计制造的，适用于大批量生产，如汽车、拖拉机制造中广泛适用的各种钻、镗组合机床等。

3) 专门化机床的工艺范围较窄，只能用于加工某一类（或少数几类）零件的某一道或少数几道特定工序，如曲轴车床、凸轮车床及螺旋桨铣床等。

（3）按质量和尺寸分类

同类型机床可分为仪表机床、中型机床（一般机床）、大型机床（质量达10t）、重型机床（质量达30t）和超重型机床（质量达100t）。

（4）按工作精度分类

同类型机床又可分为普通机床、精密机床和高精度机床，分别为精度、性能等符合有关标准中规定的普通级、精密级和高精度级要求的机床。

（5）按自动化程度分类

机床又可分为手动、机动、半自动和自动机床。调整好后无须工人参与便能完成自动工作循环的机床称为自动机床。若装卸工件仍需人工进行，能完成半自动工作循环的机床称为半自动机床。

（6）按主要工作部件的数目分类

机床可分为单轴的、多轴的或单刀的、多刀的机床等。

2. 通用机床的型号表示方法

图 2-2 所示为通用金属切削机床型号表示方法及含义。

1) 机床的类代号用汉语拼音字母（大写）表示，如车床用"C"表示。机床的类代号见表 2-1。

表 2-1 机床的类代号

类别	车床	钻床	镗床	磨床	齿轮加工机床	螺纹加工机床	铣床	刨插床	拉床	锯床	其他机床
代号	C	Z	T	M	Y	S	X	B	L	G	Q
读音	车	钻	镗	磨	牙	丝	铣	刨	拉	割	其

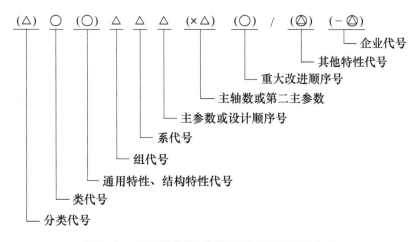

图 2-2　金属切削机床型号表示方法及含义

2）机床的特性代号也用汉语拼音字母表示。通用特性代号见表 2-2。如 CM6132 型精密卧式车床型号中的"M"表示"精密"。结构特性代号是为了区别主参数相同而结构不同的机床。如 CA6140 型卧式车床型号中的"A",可理解为 CA6140 型卧式车床在结构上区别于 C6140 型及 CY6140 型卧式车床。结构特性的代号字母由各生产厂家自己确定,在不同型号中的意义可以不一样。当机床有通用特性代号时,结构特性代号应排在通用特性代号之后。

表 2-2　机床通用特性代号

通用特性	高精度	精密	自动	半自动	数控	加工中心（自动换刀）	仿形	轻型	加重型	简式或经济式	柔性加工单元	数显	高速
代号	G	M	Z	B	K	H	F	Q	C	J	R	X	S
读音	高	密	自	半	控	换	仿	轻	重	简	柔	显	速

3）机床的组和系代号用两位数字表示。每类机床按用途、性能、结构相近或有派生关系分为 10 组（即 0~9 组）,每组中又分为 10 型（即 0~9 型）,见表 2-3。

表 2-3　机床组代号

类别及代号	组代号									
	0	1	2	3	4	5	6	7	8	9
车床 C	仪表小型车床	单轴自动车床	多轴自动、半自动车床	回转、转塔车床	曲轴及凸轮轴车床	立式车床	落地及卧式车床	仿形及多刀车床	轮、轴、辊、锭及铲齿车床	其他车床

（续）

类别及代号		组代号								
		0	1	2	3	4	5	6	7	8	9
钻床 Z			坐标镗钻床	深孔钻床	摇臂钻床	台式钻床	立式钻床	卧式钻床	铣钻床	中心孔钻床	其他钻床
镗床 T				深孔镗床		坐标镗床	立式镗床	卧式铣镗床	精镗床	汽车拖拉机修理用镗床	其他镗床
磨床	M	仪表磨床	外圆磨床	内圆磨床	砂轮机	坐标磨床	导轨磨床	刀具刃磨床	平面及端面磨床	曲轴、凸轮轴、花键轴及轧辊磨床	
	2M		超精机	内圆珩磨机	外圆及其他珩磨机	抛光机	砂带抛光及磨削机床	刀具刃磨及研磨机床	可转位刀片磨削机床	研磨机	
	3M		球轴承套圈沟磨床	滚子轴承套圈滚道磨床	轴承套圈超精机		叶片磨削机床	滚子加工机床	钢球加工机床	气门活塞及活塞环磨削机床	
齿轮加工机床 Y		仪表齿轮加工机		锥齿轮加工机	滚齿及铣齿机	剃齿及珩齿机	插齿机	花键轴铣床	齿轮磨齿机	其他齿轮加工机	
螺纹加工机床 S					套丝机	攻丝机		螺纹铣床	螺纹磨床	螺纹车床	
铣床 X		仪表铣床	悬臂及滑枕铣床	龙门铣床	平面铣床	仿形铣床	立式升降台铣床	卧式升降台铣床	床身铣床	工具铣床	
刨插床 B			悬臂刨床	龙门刨床			插床	牛头刨床		边缘及模具刨床	
拉床 L				侧拉床	卧式拉床	连续拉床	立式内拉床	卧式内拉床	立式外拉床	键槽、轴瓦及螺纹拉床	

（续）

类别及代号	组代号									
	0	1	2	3	4	5	6	7	8	9
锯床 G			砂轮片锯床		卧式带锯床	立式带锯床	圆锯床	弓锯床	锉锯床	
其他机床 Q	其他仪表机床	管子加工机床	木螺钉加工机床		刻线机	切断机				

4）主要参数的代号是代表机床规格的一种参数，在机床型号中是用阿拉伯数字表示的。机床主参数及表示方法可参阅有关资料。

5）机床重大改进顺序号，当机床的性能和结构有重大改进时，按其设计改进的次序分别用汉语拼音字母 A、B、C 等表示，附在机床型号的末尾，以示区别。

常用机床型号的含义见表 2-4。

表 2-4　常用机床型号的含义

机床型号	含　义
CA6140	C——车床（类代号） A——结构特性代号 6——落地及卧式车床（组代号） 1——普通落地及卧式车床（系代号） 40——最大加工件回转直径为 400mm（主参数） A——第一次重大改进（重大改进顺序号）
XKA5032A	X——铣床（类代号） K——数控（通用特性代号） A——结构特性代号 50——立式升降台铣床（组、系代号） 32——工作台面宽度为 320mm（主参数） A——第一次重大改进（重大改进顺序号）
MBE1432	M——磨床（类代号） B——半自动（通用特性代号） E——结构特性代号 14——万能外圆磨床（组、系代号） 32——最大磨削直径为 320mm（主参数）
C2150×6	C——车床（类代号） 21——多轴棒料自动车床（组、系代号） 50——最大棒料直径为 50mm（主参数） 6——轴数为 6（第二主参数）

3. 专用机床型号

专用机床型号表示方法如图 2-3 所示。

如某设计单位设计制造的第一种专用机床为专用车床，其型号为×××-001。

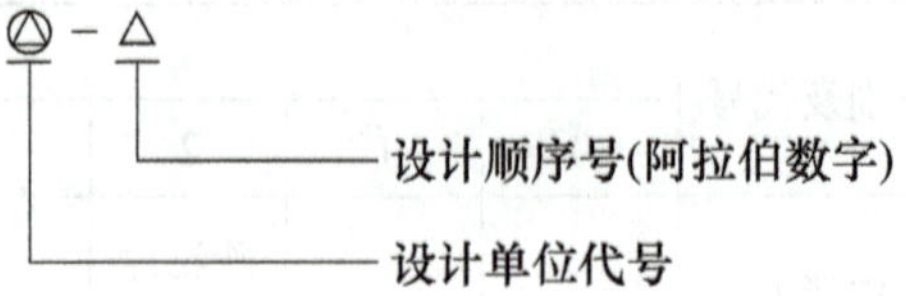

图 2-3 专用机床型号表示方法

4. 机床自动线的型号

（1）机床自动线代号

由通用机床或专用机床组成的机床自动线，其代号为 ZX（读作"自线"），位于设计单位代号之后，并用"-"分开。

机床自动线设计顺序的排列与专用机床的设计顺序相同，位于机床自动线代号之后。

（2）机床自动线的型号表示方法（图 2-4）

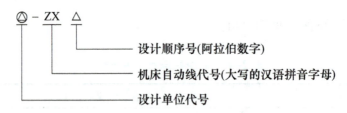

图 2-4 机床自动线型号的表示方法

（3）机床自动线型号示例

某设计单位采用通用机床或专用机床为某厂设计的第一条机床自动线，其型号为×××-ZX001。

5. 机床的主要技术参数

（1）主参数

主参数代表机床规格的大小，在机床型号中，用阿拉伯数字给出的是主参数折算系数（1/10 或 1/100）。常用机床的主参数及折算系数见表 2-5。

表 2-5 常用机床的主参数及折算系数

机床名称	主参数名称	主参数折算系数
普通车床、自动车床、六角车床、立式车床	床身上最大工件回转直径 最大棒料直径或最大车削直径 最大车削直径	1/10 1 1/100
立式钻床、摇臂钻床、卧式镗床	最大钻孔直径 主轴直径	1 1/10

（续）

机床名称	主参数名称	主参数折算系数
牛头刨床、插床、龙门刨床	最大刨削或插削长度 工作台宽度	1/10 1/100
卧式及立式升降台铣床、龙门铣床	工作台面宽度	1/10 1/100
外圆磨床、内圆磨床、平面磨床	最大磨削外径或孔径 工作台面宽度或直径	1 1/10
砂轮机	最大砂轮直径	1/10
齿轮加工机床	最大工件直径	1/10

（2）基本参数

基本参数包括尺寸参数、运动参数和动力参数。

1）尺寸参数：机床的主要结构尺寸。

2）运动参数：机床运行中的运动速度，包括主运动的速度范围、速度列表，进给量的范围，进给数列及空行程速度等。

① 主运动参数：对做回转运动的机床，其主运动参数是主轴转速；对主运动是直线运动的机床，如插床、刨床，其主运动参数是机床工作台或滑枕的每分钟往复次数。

② 进给运动参数：即进给量，大部分机床，如车床、钻床等，进给量用工件或刀具每转的位移（mm/r）表示；对直线往复运动机床，如刨床、插床，进给量以每往复一次的位移量表示；对铣床和磨床，进给量以每分钟的位移量（mm/min）表示。

3）动力参数：驱动主运动、进给运动和空行程运动的电动机功率。

机床有几种分类方法？在你学校的机械实训加工车间里都有哪些类型的机床？

二、CA6140 型卧式车床

用车刀对旋转的工件进行车削加工的机床即为车床。车床主要用于加工各种具有回转体表面、端面及螺纹面的零件，如各种轴、盘、套筒和螺纹类零件。车床还可用钻头、扩孔钻、铰刀、丝锥、板牙和滚花工具等进行相应的加工。

车床依靠车刀和工件之间的相对运动来形成被加工零件的表面。其运动包括表面成形运动（即工件的旋转运动和刀具的直线运动）和辅助运动。车削时，工件的旋转运动是主运动；车刀的纵向、横向运动是进给运动。

1. 车床的分类

车床依据用途和功能区分为多种类型。普通车床的加工对象广，主轴转速和进给量的调整范围大，能加工工件的内/外表面、端面和内/外螺纹。这种车床主要由工人手工操纵，生产率低，适用于单件、小批量生产和修配车间。

普通车床又有卧式车床（图 2-5）和立式车床（图 2-6）两种常见型式。卧式车床的主轴平行于水平面。而立式车床的主轴垂直于水平面，工件装夹在水平的回转工作台上，刀架在横梁或立柱上移动。立式车床适用于加工较大、较重、难于在卧式车床上安装的工件，一般分为单柱和双柱两大类。

图 2-5　卧式车床

图 2-6　立式车床

数控车床（图 2-7）是将传统加工过程中的人工操纵替换成由数控系统通过程序控制来实现零件加工的车床。

回转车床（图 2-8）和转塔车床（图 2-9）都是安装有带多把刀具的回转刀架或转塔刀架，能在工件的一次装夹中由工人依次使用不同刀具完成多道工序，适用于成批生产。

自动车床（图 2-10）能按一定程序自动完成中小型工件的多工序加工，能自动上、下料，重复加工一批同样的工件，适用于大批量生产。

多刀半自动车床有单轴和多轴、卧式和立式之分。单轴卧式多刀半自动车床的布局形式与卧式车床相似，但两组刀架分别装在主轴的前后或上下，用于加工盘、环和轴类工件，其生产率比卧式车床提高了 3~5 倍。

图 2-7　数控车床

图 2-8　回转车床

图 2-9　转塔车床

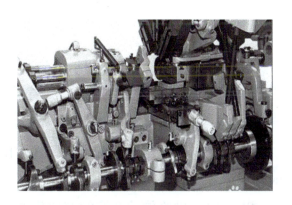

图 2-10　自动车床

仿形车床能仿照样板或样件的形状尺寸自动完成工件的加工循环，适用于形状较复杂工件的小批和成批生产，生产率比卧式车床高 10~15 倍。仿形车床有多刀架、多轴、卡盘式、立式等类型。

铲齿车床在车削的同时，刀架周期性地做径向往复运动，用于铲车铣刀、滚刀等的成形齿面，通常带有铲磨附件，由单独电动机驱动的小砂轮铲磨齿面。

专门车床是用于加工某类工件特定表面的车床，如曲轴车床、凸轮轴车床、车轮车床、车轴车床、轧辊车床和钢锭车床等。

联合车床主要用于车削加工，但附加一些特殊部件和附件后，还可进行镗、铣、钻、插、磨等加工，具有"一机多能"的特点，适用于工程车、船舶或移动修理站上的修配工作。

2. CA6140 型卧式车床的结构组成及各部分功用

卧式车床是机械制造业中应用广泛、种类较多的一种机床。其中，CA6140 型卧式车床是我国自行设计、制造的机床。图 2-11 所示为 CA6140 型卧式车床的外形图。

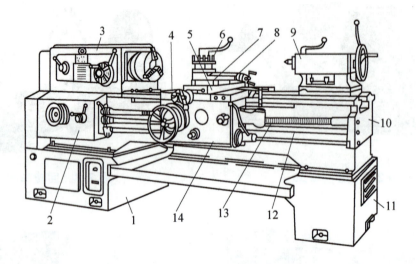

图 2-11　CA6140 型卧式车床的外形图

1、11—床腿　2—进给箱　3—主轴箱　4—床鞍　5—中滑板　6—刀架　7—回转盘
8—小滑板　9—尾座　10—床身　12—光杠　13—丝杠　14—溜板箱

床身：固定在左、右床腿上，其作用是支承机床各部件，使各部件保持准确的相对位置。

进给箱：进给传动系统的变速机构。它把交换齿轮箱传递过来的运动，经过变速后传递给丝杠，以实现车削各种螺纹；传递给光杠，以实现机动进给。

主轴箱：固定在床身的左端，其内装有主轴及主运动变速机构。主轴通过安装于其前端的卡盘装夹工件，并带动工件按需要的转速旋转，以实现主运动。

溜板箱：接受光杠或丝杠传递的运动，以驱动床鞍和中、小滑板及刀架实现车刀的纵向、横向进给和快速移动。

刀架：装在床身的刀架导轨上，用来夹持车刀并带动车刀做纵向、横向或斜向运动。

尾座：装在床身导轨上，其套筒中的锥孔可安装顶尖，以支承较长工件的一端，也可以安装钻头、铰刀等加工刀具，利用套筒的轴向移动（纵向进给运动）来加工内孔。

CA6140 型卧式车床的主轴中心线在床身导轨面上的高度（中心高）约为 200mm，所以加工盘类零件的最大工件回转直径为 400mm。当加工轴类零件时，由于工件在滑板上通过，而横向滑板的上平面位于床身导轨之上，因而刀架滑板上的最大车削直径受到限制，只有 210mm，如图 2-12 所示。

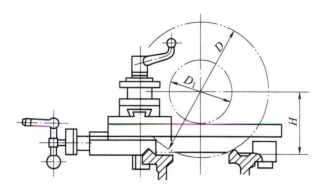

图 2-12　卧式车床的中心高与最大车削直径

3. CA6140 型卧式车床的工艺范围

CA6140 型卧式车床加工工艺范围很广，如图 2-13 所示。

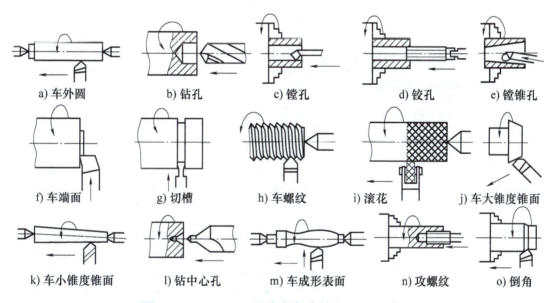

图 2-13　CA6140 型卧式车床的加工工艺范围

4. CA6140 型卧式车床的主要技术性能

CA6140 型卧式车床的主要技术参数见表 2-6。

表 2-6　CA6140 型卧式车床主要技术参数

技术参数名称		参 数 数 值
最大加工直径/mm	在床身上	400
	在刀架上	210
	棒料	48

（续）

技术参数名称			参 数 数 值
加工最大长度/mm			650、900、1400、1900
中心距/mm			750、1000、1500、2000
主轴	主轴孔径/mm		48
	主轴锥孔		莫氏5号
	主轴转速范围/(r/min)	正转	10～1400
		反转	14～1580
刀架	最大纵向行程/mm		650/900/1400/1900
	最大横向行程/mm		260
	最大回转角度/(°)		±60
	进给量/(mm/r)	纵向	0.08～1.95
		横向	0.04～0.79
尾座	顶尖套最大移动量/mm		150
	横向最大移动量/mm		±15
	顶尖套内孔锥度		莫氏4号
	主电动机功率/kW		7.5
主轴转速/(r/min)			12.5、16、20、25、32、40、50、63、80、100、125、160、200、250、320、400、450、500、560、710、900、1120、1400
进给量/(mm/r)		纵向	0.028、0.032、0.036、0.039、0.043、0.046、0.050、0.08、0.09、0.10、0.11、0.12、0.13、0.14、0.15、0.16、0.18、0.20、0.23、0.24、0.26、0.28、0.30、0.33、0.36、0.41、0.46、0.48、0.51、0.56、0.61、0.66、0.71、0.81、0.91、0.94、0.96、1.02、1.03、1.09、1.12、1.15、1.22、1.29、1.47、1.59、1.71、1.87、2.05、2.16、2.28、2.56、2.29、3.16
		横向	0.014、0.016、0.018、0.019、0.021、0.023、0.025、0.027、0.040、0.045、0.050、0.055、0.060、0.065、0.070、0.08、0.09、0.10、0.11、0.12、0.13、0.14、0.15、0.16、0.17、0.20、0.22、0.24、0.25、0.28、0.30、0.33、0.35、0.40、0.43、0.45、0.47、0.48、0.50、0.51、0.54、0.56、0.57、0.61、0.64、0.73、0.79、0.86、0.94、1.02、1.08、1.14、1.28、1.46、1.58、1.72、1.88、2.04、2.16、2.28、2.56、2.92、3.16

（续）

技术参数名称		参 数 数 值
车削螺纹	米制螺距/mm	1、1.25、1.5、1.75、2、2.25、2.5、3、3.4、4、4.5、5、5.5、6、7、8、9、10、11、12、14、16、18、20、22、24、28、32、36、40、44、48、56、64、72、80、88、96、112、128、144、160、176、192
	寸制螺距/(牙/in)	24、20、19、18、16、14、12、11、10、9、8、7、6、5、4、3、2

注：1in=25.4mm。

5. CA6140型卧式车床的工作原理

（1）滑板部分的机动进给操纵

CA6140型车床的纵、横向机动进给和快速移动均采用单手柄操纵，滑板部分的结构示意图如图2-14所示。其中，横、纵向自动进给是通过扳动溜板箱右侧的手柄来实现的，在溜板箱右侧，可沿十字槽纵、横向扳动，手柄扳动方向与刀架运动方向一致。手柄在十字槽中央位置时，停止进给运动。在自动进给手柄顶部有一快进按钮，按下此按钮，快移电动机工作，床鞍或中滑板按手柄扳动方向做纵向或横向快速移动；松开按钮，快移电动机停止转动，快速移动终止。溜板箱正面右侧有一开合螺母手柄，用于控制溜板箱与丝杠之间的运动联系。车削非螺纹表面时，开合螺母手柄位于上方；车削螺纹时，压下开合螺母手柄，使开合螺母闭合并与丝杠啮合，将丝杠的运动传递给溜板箱，使溜板箱、床鞍按预定的螺距（或导程）做纵向进给。车完螺纹应立即将开合螺母手柄扳回原位。

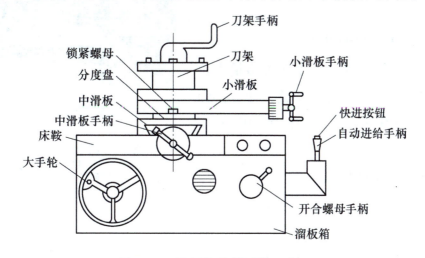

图2-14 滑板部分的结构示意图

(2) 车床主轴变速操纵

主轴变速可通过调整主轴箱前侧变速手柄的位置来实现，只需按标记或转速表的指示将手柄调到所需位置。车床主轴变速手柄位置如图 2-15 所示。

(3) 床鞍、中滑板、小滑板的手动操纵

图 2-15　车床主轴变速手柄位置示意图

1) 摇动床鞍手柄，使床鞍向左或向右做纵向移动。手轮轴的分度盘圆周等分为 300 格，手轮每转动 1 格，床鞍纵向移动 1mm。

2) 用双手分别沿顺时针和逆时针方向摇动中滑板手柄，使中滑板做横向进给和退出移动。中滑板丝杠上的分度盘圆周等分为 100 格，手柄每转过 1 格，中滑板横向移动 0.05mm。

3) 用双手交替摇动小滑板手柄，使小滑板做纵向短距离的左右移动。小滑板丝杠上的分度盘圆周等分为 100 格，手柄每转过 1 格，小滑板纵向移动 0.05mm。

4) 左手摇动车床床鞍手柄，右手同时摇动中滑板手柄，可纵、横向快速趋近和快速退离工件。

5) 左手摇动中滑板手柄，右手同时摇动小滑板手柄，可实现零件锥度表面几何形状的加工。

(4) 车床进给量的设置

按车床进给量铭牌选择纵向进给量手轮和手柄相应的位置，并进行调整，即可得到各档进给量。车床进给量手柄位置如图 2-16 所示。

图 2-16　车床进给量手柄位置示意图

(5) 车床尾座的操纵

车床尾座的套筒用来安装顶尖和钻头等工具。车床尾座的结构如图 2-17 所示。

1) 沿床身导轨手动纵向移动尾座至合适位置，逆时针方向扳动尾座紧固手柄，可

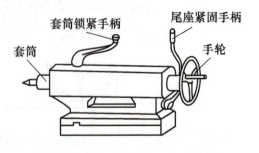

图 2-17　车床尾座结构示意图

将尾座固定。**注意**：移动尾座时用力不要过大。

2）逆时针方向转动套筒锁紧手柄（松开），摇动手轮，可使套筒做进、退移动。顺时针方向转动套筒锁紧手柄，可将套筒固定在选定的位置。

（6）车床的起动

1）检查车床各变速手柄是否处于空档位置，离合器是否处于正确位置，操纵杆是否处于停止状态，确认无误后，合上车床电源总开关。

2）按下床鞍上的绿色起动按钮，电动机起动。

3）向上提起溜板箱右侧的操纵杆手柄，主轴正转；操纵杆手柄回到中间位置，主轴停止转动；下压操纵杆手柄，主轴反转。

4）按下床鞍上的红色停止按钮，电动机停止转动。

6. CA6140 型卧式车床安全操作技术规程

操作者必须熟悉该设备的结构和性能，经过考试合格取得操作证后，方可独立操作。在操作时必须遵守下列安全操作技术规程。

1）操作者要认真做到"三好"（管好、用好、修好）和"四会"（会检查、会保养、会使用、会排除故障）。

2）操作者必须遵守使用设备的"五项纪律"和维护设备的"四项要求"的规定。

3）操作者要随时按照"巡回检查内容"的要求对设备进行检查。

4）严格按照设备润滑图表规定加油，做到"五定"（定点、定时、定量、定质、定人）。注油后应将油杯（池）的盖子盖好。

5）严禁超规范、超负荷使用设备。

6）停车 8h 以上再开动设备时，应先低速运转 3～5min。确认润滑系统畅通，各部分运转正常后，方可开始工作。

7）在操作开始前必须正确安装刀具，并注意下列几点：

① 夹紧刀具时，注意伸出部分尽量短一些。

② 车刀下面不得垫大小不同的垫片，垫片要平直，大小与刀杆截面相等。

③ 磨钝了的刀具，严禁继续使用。

④ 刀具装夹要牢固、安全。

8）在卡盘上装卸工件时，要保证工件装夹牢固，同时要注意以下几点：

① 加工偏重的工件时，必须考虑添加平衡重或者配重。

② 用起重机装卸工件时，必须根据工件质量和形状选用安全的吊具和方法，同时在导轨面上要垫上方木。

③ 严禁在设备上焊补或校直工件。

④ 禁止用铁棒顶击主轴孔内的顶尖（要使用铜棒）。

9）要注意保护导轨，各导轨面严禁放置工具及其他金属物品。

10）禁止在运转中变速和使用反车制动。

11）禁止在不切削螺纹时使用丝杠。

12）禁止在主轴和尾座锥孔内安装与其锥度不符或锥面有刻痕、不清洁的工具。

13）禁止踩踏设备导轨面、丝杠、光杠、油盘及涂层表面。必须踩踏时，要垫木板等保护物。

14）加工铸铁件或进行磨削加工时，要防止砂子和切削液进入导轨、主轴箱和溜板箱内。加工完毕后，要彻底清理擦拭干净。

15）移动尾座及尾座套筒前，必须先松开夹紧装置，擦净导轨，加注润滑油，移动完后定好位重新紧固。

16）使用尾座顶尖顶持工件时，要按工件质量调整好顶尖套筒的压力。

17）使用顶尖和中心架时，要经常检查其工件接触面的润滑情况，不得有过热现象。

18）使用尾座钻孔时，禁止用杠杆增加手轮转矩的办法进行进给。

19）设备起动时，严禁操作者离开岗位或托人代管，工作完毕应将有关手柄置于非工作位置，并切断电源。

20）当设备发生故障不能判断原因并排除时，应立即报给维修人员处理，并做好相应的交接记录。

7. CA6140 型卧式车床的维护与保养

为了保证车床的正常运行，减少和预防各类故障的发生，做好车床的维护和保养工作是十分必要的。正规的机床维护和保养不仅能够降低机床的故障率，还可以提高机床的加工精度，延长机床的使用寿命。

（1）日常维护和保养

1）班前维护保养。

① 检查机床各部位表面，清除障碍物，清理灰尘并且上油，检查各部位手柄

是否在规定的空位。

② 接通电源,空车低速运转 2~3min,并观察运转是否正常。如果发现异常,应立刻停机检查,然后报告维修部门人员。按机床润滑图表规定加油,并检查油路是否出现故障。

③ 检查有关装置是否完好,如制动、安全防护、换向等装置。

④ 保持润滑系统清洁,检查润滑系统,油孔和油杯不得敞开。

⑤ 检查各刀架是否处于非工作位置。

⑥ 检查有关操作手柄、开关,如机械、液压手柄或开关是否处于非工作位置。

⑦ 检查电气系统、润滑系统是否运转正常,确认各部件运行正常后,方可开始工作。

⑧ 应确保电气配电箱为关闭状态,检查电动机是否运转正常。

2) 班后维护保养。

① 切断电源、电气电路,使机床停止运转。

② 将有关操作手柄,如机械、液压手柄恢复到初始位置,刀架也恢复到非工作位置。

③ 工作完成后,将尾座和溜板箱移到床身尾端,各手柄恢复至初始位置,车床各部位涂油防锈。

④ 清除铁屑,认真擦拭机床,清理工位;确保导轨面、转动及滑动面加油处理,清理各表面、轨道面水渍和污迹。

⑤ 不得随意拆除各部件和各防护装置,妥善保管好各附件。

⑥ 车床的性能和结构作为每天必须检查的内容,都应该认真完成。认真检查各手柄操作是否灵活可靠,各部件是否正常工作,供油是否正常,制动性能是否良好;各部位是否漏油、漏水,是否缺少零件,有无锉伤,各轨道面是否润滑良好等。若发现问题,应立刻解决,待车床没有任何问题时,方可使用。

⑦ 必须严格遵守操作流程,在正常负荷下使用设备,要有可靠的安全防护装置和设备,及时消除不安全因素。

(2) 周期性维护和保养

车床一般以 3~6 个月(按工时计算为 500~600h)为周期进行维护和保养,每次保养的时间为 3~4h。

CA6140型车床在加工外圆和螺纹时,溜板箱分别是由哪个部件来带动的(丝杠或光杠)?

三、数控车床

在数控机床上加工零件,是将传统加工过程中的人工操作由数控系统通过程序控制来实现。其具体工作过程是:将被加工零件图样上的几何信息和工艺信息编制成零件加工程序,再将程序单中的内容记录在磁盘等介质上,送入数控系统,数控系统则按照程序的要求进行相应的运算、处理,发出控制指令,使主轴及辅助装置相互协调运动,实现刀具与工件的相对运动,完成零件的加工。

1. 数控车床的组成及工作原理

数控车床一般由数控系统、伺服系统、车床本体、检测装置和辅助装置等组成,具体结构如图2-18所示。

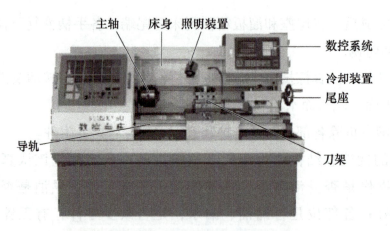

图2-18 数控车床的结构

1) 数控系统:数控车床的控制核心。现代数控系统通常是带有专门软件的专用计算机,在数控车床中起指挥作用。

2) 伺服系统:数控车床的执行机构,由驱动和执行两大部分组成。它根据数控系统发出的位移和速度指令控制执行部件的进给速度、方向和位移。每个进给运动的执行部件都配有一套伺服驱动系统。影响数控设备加工精度和生产率的主要因素之一就是伺服驱动系统的性能。

3）车床本体：数控车床的机械部分。它是被控制的对象，是数控设备的主体。与普通车床相比，数控车床的主体结构具有刚度大、精度高、可靠性好、热变形小等特点。

4）检测装置：通过位置传感器将伺服电动机的角位移或数控车床执行机构的直线位移转换成信号，输送给数控装置，使之与指令信号进行比较，然后由数控装置发出指令，纠正所产生的误差，使数控车床按加工程序要求的进给位置和速度完成加工。

5）辅助装置：数控车床中一些为加工服务的配套部分，如液压、气动、冷却、照明、润滑、防护和排屑装置等。

使用数控车床时，首先要将被加工零件图样的几何信息和工艺信息用规定的代码和格式编写成加工程序；然后将加工程序输入到数控装置，按照程序的要求，经过数控系统信息处理、分配，使各坐标轴移动，实现刀具与工件的相对运动，完成零件的加工。数控车床的工作原理如图 2-19 所示。

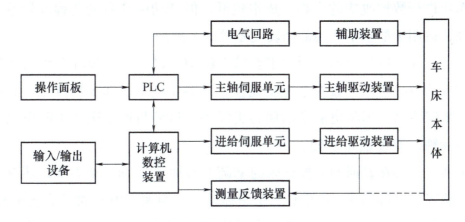

图 2-19　数控车床的工作原理

2. 数控车床的分类

（1）按结构分类

数控车床按结构的不同可分为卧式数控车床（图 2-20）和立式数控车床（图 2-21）。

立式数控车床用于回转直径较大的盘类零件的车削加工，卧式数控车床用于轴向尺寸较大的零件或较小的盘类零件的加工。相对于立式数控车床，卧式数控车床结构型式较多、加工范围广、使用较广泛。

图 2-20 卧式数控车床

图 2-21 立式数控车床

（2）按功能分类

数控车床按功能的不同可分为经济型数控车床、普通型数控车床和车削加工中心。

经济型数控车床是采用由单片机和步进电动机组成的数控系统，它常常是基于普通车床进行数控改造的产物，成本较低，但其功能和自动化程度较差，加工精度不高，适用于要求不太高的回转类零件的车削加工。

普通型数控车床是根据车削加工要求在结构上进行专门设计并配备通用数控系统而构成的数控车床，数控系统功能强，自动化程度和加工精度也比较高，适用于加工精度更高、形状更复杂的回转类零件。这种数控车床加工时可以同时控制两个坐标轴，即 X 轴和 Z 轴。

车削加工中心在普通型数控车床的基础上增加了 C 轴和动力头，还有刀库和自动换刀装置，可控制 X、Z 和 C 三个坐标轴。车削加工中心加工功能大大增强，除了可以进行一般车削外，还可以进行径向和轴向铣削、曲面铣削、中心线不在零件回转中心的孔和径向孔的钻削等加工。

（3）按导轨分类

数控车床按导轨型式的不同可分为水平床身数控车床和斜车床身数控车床，如图 2-22 所示。

水平床身数控车床的工艺性好，便于导轨面的加工。水平床身配上水平放置的刀架可提高刀架的运动精度，一般可用于大型数控车床或小型精密数控车床的布局。但是水平床身上部空间小，故排屑困难。从结构尺寸上看，刀架水平放置使得滑板横向尺寸较长，从而加大了机床宽度方向的结构尺寸。

a) 水平床身数控车床　　　　　b) 斜车床身数控车床

图 2-22　两种床身的数控车床

水平床身配上倾斜放置的滑板，并配置倾斜式导轨防护罩便构成了斜车床身数控车床。它一方面有水平床身数控车床工艺性好的特点，另一方面，机床宽度方向的尺寸比水平配置滑板的要小，且排屑方便，机床占地面积小，外形简洁、美观，容易实现封闭式防护。斜车床身导轨向后倾斜45°。

3. 数控车床的加工工艺范围

结合数控车削的特点，与普通车床相比，数控车床适合于车削具有以下要求和特点的回转类零件。

1）轮廓形状特别复杂或难于控制尺寸的回转类零件。数控车床具有直线插补和圆弧插补功能，部分车床数控装置还具有某些非圆曲线的插补功能，所以能车削任意平面曲线轮廓所组成的回转类零件，包括不能用数学方程描述的列表曲线类零件。如图 2-23 所示，用普通车床难以控制尺寸的零件加工，在数控车床上很容易就能实现。

图 2-23　平面曲线轮廓零件

2）精度要求高的回转类零件，如图 2-24 所示。

图 2-24　精度要求高的回转类零件

零件的精度要求主要指尺寸、形状、位置和表面等精度要求，其中，表面精度主要指表面粗糙度。例如，尺寸精度高（0.001mm 或更小）的零件，圆柱度要求高的圆柱体零件，素线直线度、圆度或倾斜度均要求高的圆锥体零件，线轮廓度要求高的零件（其轮廓形状精度可超过用数控线切割加工的样板精度）。在特种精密数控车床上，还可加工出几何轮廓精度极高（达 0.0001mm）、表面粗糙度值极小（$Ra0.02\mu m$）的超精零件（如复印机中的回转鼓及激光打印机上的多面反射体等），以及通过恒线速度切削功能，加工表面精度要求高的各种变径表面类零件等。

3) 特殊的螺旋零件。对于特大螺距（或导程）、变（增或减）螺距、等螺距与变螺距或圆柱与圆锥螺旋面之间平滑过渡的螺旋零件，以及高精度的模数螺旋零件（如圆柱、圆弧蜗杆）和端面（盘形）螺旋零件等，数控车床均可进行加工。

4) 淬硬工件的加工。在大型模具加工中，有不少尺寸大而形状复杂的零件，这些零件经热处理后的变形量较大，磨削加工困难，此时可以用陶瓷车刀在数控车床上对淬硬工件进行车削加工，以车代磨，提高加工效率。

4. 数控车床的基本操作

（1）机床回参考点

数控车床的基本操作

1) 开机。打开位于车床后面电控柜上的主电源开关——→按下操作面板上的开关按钮接通电源，几秒后显示器上就会出现图 2-25 所示画面——→顺时针方向松开急停开关——→绿灯亮后，机床液压泵已启动，机床进入准备状态。

注：开机前要检查数控机床外表是否正常，如前、后门是否已关闭，以防发生意外。

2) 关机。检查数控机床可移动部件，应都处于停止状态——→按下急停开关——→按下数控操作面板上的开关按钮，则数控机床系统和显示器屏幕关闭——→关闭机床主电源。

3) 机床回参考点。单击回参考点按钮 ![], 进入回参考点模式——→单击操作面板上 X 方向"正方向移动"按钮 ![], 此时, X 轴回到参考点, X 轴回原点灯 ![] 亮起——→再单击操作面板上 Z 方向"正方向移动"按钮 ![], 此时, Z 轴回到参考点, Z 轴回原点灯 ![] 亮起。

图 2-25 开机后机床显示器画面

(2) 手动操作

1) 手动/连续方式。单击操作面板上的手动控制按钮 ，其指示灯亮起，机床进入手动模式。在手动模式下，单击按钮 ，机床则向相应方向移动。单击按钮 ，其指示灯亮起，机床则能实现快速移动。

2) 手动脉冲方式。用手动脉冲方式调节机床，可实现精确移动。通过单击操作面板按钮 选择坐标轴，再选择脉冲量大小 ，此时，转动手轮 就能精确控制机床的移动。

3) 刀位转换。进入手动模式，按一下"刀位转换"按钮 ，刀架转动一个刀位。

4) 冷却起动和停止。进入手动模式，按一下"冷却开停"按钮 ，切削液开，再按一下则切削液关。

5) 主轴运转与停止。进入手动模式，按一下"主轴正或反转"按钮 ，主轴正转或反转；按"主轴停止"按钮 ，主轴停止。

(3) 手动数据输入

单击操作面板上的按钮 ，使其指示灯亮起，进入 MDI 模式。按下按钮 ，进入编辑页面，输入所编写的数据指令，再按循环启动键 ，即可运行。

FANUC-0i 数控车床系统的操作面板如图 2-26 所示，各按钮功能如下。

1) 急停键 ：用于锁住机床。按下急停键时，机床立即停止运动。

2) 循环启动键 ：在自动和 MDI 运行方式下，用来启动程序。

3) 方式选择按钮 ：用来选择系统的运行方式。分别为编辑方式、MDI 方式、自动运行方式、手动控制（JOG）方式和返回参考点方式。

4) 进给方向选择按钮 ：用于手动连续进给、增量进给和返回机床参考点运行方式下，选择机床移动的轴和方向。

图 2-26　FANUC-0i 数控车床系统操作面板

5）进给修调旋钮 ![icon]：自动或 MDI 方式下，可用此旋钮修调程序中编制的进给速度。

6）主轴修调旋钮 ![icon]：自动或 MDI 方式下，可用此旋钮修调程序中编制的主轴转速。

7）增量倍率按钮 ![icon]：在增量方式下，可通过这组按钮精确控制机床的移动。

8）主轴控制按钮 ![icon]：用于控制主轴正转、反转、停止。

9）自动运行状态控制按钮 ![icon]：自动运行程序。

10）机床锁住按钮 ![icon]：用来禁止机床坐标轴移动，显示屏上的坐标轴仍会发生变化，但机床停止不动。

5. 数控车床的安全操作规程

(1) 安全操作注意事项

1）工作时请穿好工作服、安全鞋，戴好工作帽及防护镜，严禁戴手套操作机床。

2）不要移动或损坏安装在机床上的警告标牌。

3) 不要在机床周围放置障碍物，工作空间应足够大。

4) 某一项工作如需两人或多人共同完成时，应注意相互间的协调一致。

5) 不允许采用压缩空气清洗机床、电气柜及数控单元。

6) 任何人员违反上述规章制度，实习指导人员或设备管理员有权停止其使用、操作机床，并根据情节轻重，报相关部门处理。

(2) 工作前的准备

1) 机床开始工作前要有预热环节，认真检查润滑系统工作是否正常，如果机床长时间未使用，可先采用手动方式向各部分供油润滑。

2) 使用的刀具应与机床允许的规格相符，有严重破损的刀具要及时更换。

3) 调整刀具时所用的工具不要遗忘在机床内。

4) 检查大尺寸轴类零件的中心孔是否合适，以免发生危险。

5) 刀具安装好后应进行 1~2 次试切削。

6) 认真检查卡盘夹紧的状态。

7) 机床开动前，必须关好机床防护门。

(3) 工作过程中的安全事项

1) 禁止用手接触刀尖和铁屑，铁屑必须要用铁钩或毛刷来清理。

2) 禁止用手或其他任何方式接触正在旋转的主轴、工件或其他运动部位。

3) 禁止加工过程中变速，不能用棉丝擦拭工件和清扫机床。

4) 车床运转中，操作者不得离开岗位，发现异常现象应立即关停车床。

5) 经常检查轴承温度，温度过高时应请有关人员进行检查。

6) 在加工过程中，不允许打开机床防护门。

7) 严格遵守岗位责任制，机床应由专人使用，未经同意不得擅自使用。

8) 工件伸出车床 100mm 以外时，须在伸出位置设防护物。

9) 禁止进行尝试性操作。

10) 手动回原点时，注意机床各轴位置要距离原点 -100mm 以上。机床回原点顺序：首先 $+X$ 轴，其次 $+Z$ 轴。

11) 使用手轮或快速移动方式移动各轴时，一定要看清表示机床 X、Z 轴方向的"$+$""$-$"标牌后再移动。移动时，先慢转手轮，观察机床移动方向无误后方可加快移动速度。

12) 编写完程序或将程序输入机床后，应先进行图形仿真，准确无误后再进行机床试运行，且刀具应离开工件端面 200mm 以上。

13）程序运行注意事项：对刀应准确无误，刀具补偿号应与程序调用刀具号相符；检查机床各功能按键的位置是否正确；光标要放在主程序头；加注适量切削液；站立位置应合适；启动程序，右手做按"停止"按钮准备，程序运行中手不能离开"停止"按钮，发生紧急情况时，应立即按下"停止"按钮。

14）加工过程中认真观察切削及冷却状况，确保机床、刀具的正常运行及工件的加工质量，并关闭防护门以防止铁屑、润滑油溅出。

15）在程序运行中需测量工件尺寸时，要待机床完全停止、主轴停转后方可进行测量，以免发生人身事故。

16）关机时，要等主轴停转 3min 后方可关机。

17）未经许可禁止打开电气箱。

18）各手动点必须按说明书要求润滑。

19）修改程序的钥匙在程序调整完后要立即取下，不得插在机床上，以免误改动程序。

20）使用机床时，每日必须使用切削液循环 0.5h，冬天时间可稍短一些。切削液要定期更换，更换周期一般为 1~2 个月。若数天不使用机床，则应每隔一天对数控和显示器部分通电 2~3h。

(4) 工作完成后的注意事项

1）清除切屑，擦拭机床，使机床与环境保持清洁状态。

2）注意检查或更换机床导轨上磨损的油擦板。

3）检查润滑油、切削液的状态，及时添加或更换。

4）依次关闭机床操作面板上的电源和总电源。

6. 数控车床的维护与保养

(1) 维护保养的目的

机床使用寿命的长短和效率的高低，不仅取决于机床的精度和性能，很大程度上还取决于对它的正确使用与维护。对数控机床进行日常维护与保养，可延长电器元件的使用寿命，防止机械部件的非正常磨损，避免发生意外事故，使机床始终保持良好的状态，尽可能地保持长时间的稳定工作。

(2) 注意事项

1）数控机床应安装在无阳光直射、远离振动的地方，附近不应有焊机、高频设备等设备干扰，应避免环境温度对设备精度的影响，要经常清洁机床。

2）操作人员上岗操作前要由技术人员进行专业操作培训，严禁未培训上岗。

3）数控机床用的电源电压应保持稳定，波动范围应在15%以内，否则应增设交流稳压器。

4）数控机床所需压缩空气的压力应符合标准，并确保清洁。管路严禁使用未镀锌的铁管，以防止铁锈堵塞过滤器。要定期检查和维护气液分离器，严禁液体进入气路。

5）保持润滑装置清洁、油路畅通、各部位润滑良好，润滑油应符合规定，过滤器应定期清洗、更换。

6）电气系统的控制柜和强电柜的门不能敞开通风，防止车间空气中的油雾、浮尘和金属粉尘落入控制柜和强电柜内，导致元器件及印制电路板损坏。

7）数控装置的散热通风系统应保持畅通，数控装置的工作温度应不大于55℃。每天应检查数控柜上各个排风扇的工作是否正常，风道过滤器有无被灰尘堵塞。

8）机床在使用中如果出现电池报警，应请维修人员及时更换电池，以防存储器内数据丢失。

9）正确选用刀具，避免不应发生的故障。刀具的锥柄、直径尺寸及定位槽等都应达到技术要求，否则换刀动作将无法顺利进行。

10）装夹工件前须先对各坐标进行检测，并复查程序。在加工程序模拟试验通过后，方可进行加工。

11）在设备回"机床参考点""工件零点"操作前，必须确定各坐标轴的运动方向无障碍物，以防碰撞。

12）数控机床的光栅尺属于精密测量装置，不得碰撞和随意拆动。

13）不要随意更改数控机床的各类参数和基本设定，禁止盲目更改参数试运行机床，否则会导致故障。

14）数控机床机械结构简单、密封可靠，自诊断功能日益完善，在日常维护中除清洁外部及规定的润滑部位外，不得拆卸其他部件。

15）数控机床较长时间不用时要注意防潮，停机两个月以上时，必须定期给数控系统供电，以保证有关参数不致丢失。

（3）安全生产要求

1）严禁摘除或挪动数控机床上的维护标记及警告标记。

2）不能随意拆卸回转工作台，严禁用手动换刀方式互换刀库中刀具的位置。

3）加工前应仔细核对工件坐标系原点以及加工轨迹是否与夹具、工件、机床干涉，新程序经校核后方可执行。

4）刀库门、防护挡板和防护罩应齐全，且灵活可靠。机床运行时严禁打开电气柜，环境温度较高时，不得采取破坏电气柜门联锁开关的方式强行散热。

5）排屑机构运转异常时，严禁用手和压缩空气清理切屑。

6）床身上不能摆放杂物，设备周围应保持整洁。

7）安装数控机床的刀具时，应使主轴锥孔保持干净。关机后，主轴应处于无刀状态。

8）维修、维护数控机床时，严禁开动机床。发生故障后，必须查明并排除机床故障，然后重新起动机床。

（4）日常维护保养

1）按日常检查规定项目检查各操纵手柄、控制装置，并确认安全防护装置是否完整可靠，查看电源是否正常，并做好点检记录。

2）查看润滑、液压装置的油质、油量，按润滑图表规定加油，保持油液清洁、油路畅通、润滑良好。

3）确认各部位正常无误后，方可空车起动设备。先空车低速运转 3~5min，确定各部位运转正常、润滑良好，方可进行工作，不得超负荷、超规范使用。

4）工件必须装夹牢固，禁止在机床上敲击夹紧工件。

5）合理调整各部位行程撞块，定位应正确且紧固。

6）操纵变速装置必须切实转换到固定位置，使其啮合正常。需要停机变速时，不得使用反车制动的方法变速。

7）当数控机床运转中发生异常时，应立即停机处理。

8）测量工件、拆卸工件时须停机。离开机床时应切断电源。

9）保护机床的基准面、导轨、滑动面，防止损伤。

10）保持润滑及液压系统清洁。盖好箱盖，不允许有水、尘、铁屑等污物进入油箱及电器装置。

11）下班前应清扫机床设备，保持清洁，将操纵手柄等置于非工作位置，切断电源，办好交接班手续。

想一想

现场指出数控车床的各部分名称，并说明它们的功用。

> **延伸阅读**
>
> ### 多轴联动数控机床
>
> 多轴联动是指在一台机床的多个坐标轴（包括直线坐标轴和旋转坐标轴）上同时进行加工，而且可在计算机数控系统（CNC）的控制下同时协调运动。多轴联动加工可以提高空间自由曲面的加工精度、质量和效率。现代数控加工正向高速化、高精度化、高智能化、高柔性化、高自动化和高可靠性方向发展，而多轴联动数控机床正体现了这个发展方向。
>
> 加工技术不断发展和完善，其中包含了程序的编写日益简化，这在很大程度上减轻了工程师们在程序上的计算量，同时也减轻了机床操作者的工作量且提高了生产率，降低了成本。多轴联动加工是现代机床的发展方向，体现了一个国家制造业水平的高低。图 2-27 所示为五轴联动数控机床。
>
>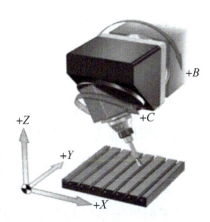
>
> 图 2-27　五轴联动数控机床

基础训练

一、填空题

1. 按照机床工艺范围，可分为＿＿＿＿、＿＿＿＿和＿＿＿＿三类。
2. CA6140 型车床的主参数是＿＿＿＿。
3. 卧式车床主要由＿＿＿＿、＿＿＿＿、＿＿＿＿、＿＿＿＿、＿＿＿＿和床身组成。
4. 数控车床一般由＿＿＿＿、＿＿＿＿、＿＿＿＿、＿＿＿＿和＿＿＿＿组成。

二、选择题

1. 在车床上，用丝杠带动溜板箱时，可车削（　　）。

   A. 外圆柱面　　　B. 螺纹　　　　C. 内圆柱面　　　D. 圆锥面

2. 下列哪种机床属于专门化机床（　　）。

A. 卧式车床 　　　　　　　　　B. 凸轮轴车床

C. 万能外圆磨床 　　　　　　　D. 摇臂钻床

3. 下列对 CM7132 描述正确的是（　　）。

A. 卧式精密车床，床身最大回转直径为 320mm

B. 落地精密车床，床身最大回转直径为 320mm

C. 仿形精密车床，床身最大回转直径为 320mm

D. 卡盘精密车床，床身最大回转直径为 320mm

4. 数控零件加工程序的输入必须在（　　）工作方式下进行。

A. 手动输入　　　B. 自动加工　　　C. 编辑　　　D. 手动

三、判断题

1. CA6140 型车床能完成钻、扩、铰孔等工作。（　　）

2. 机床按照加工方式及其用途的不同共分为 12 大类。（　　）

3. 按下数控车床操作面板上的 RESET 按钮就能消除报警信息。（　　）

四、简答题

说明下列机床型号的意义：X6132、X5032、C6132、Z3040、T6112。

学习任务二　工业机器人

学习目标

1. 熟悉工业机器人按不同标准的分类。
2. 掌握工业机器人的基本组成和工作原理。
3. 熟悉工业机器人在不同领域的应用。

相关知识

工业机器人（图 2-28）是面向工业领域的多关节机械手或多自由度的机械装置，技术附加值很高，应用范围很广，能自动执行工作，是靠自身动力和控制程序来实现各种功能的一种机器。它可以接受人类指挥，也可以按照预先编排的程序运行。现代的工业机器人还可以根据人工智能技术制定的纲领行动。

项目二　典型产业类机电设备

图 2-28　工业机器人

一、工业机器人的基本概况

1. 工业机器人的定义

我国国家标准 GB/T 12643—2013《机器人与机器人装备　词汇》中对工业机器人定义：自动控制的、可重复编程、多功能的操作机，可对三个或三个以上轴进行编程。它可以是固定式或移动式。在工业自动化中使用。对操作机定义：用来抓取和（或）移动物体，由一些相互铰接或相对滑动的构件组成的多自由度机器。

2. 工业机器人的基本术语

（1）关节

关节（joint）即运动副，是允许机器人手臂各零件之间发生相对运动的机构，是两构件直接接触并能产生相对运动的活动连接。如图 2-29 所示，A、B 两部件可以做活动连接。

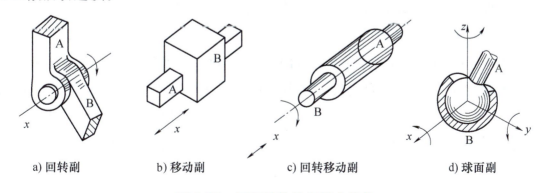

a) 回转副　　　b) 移动副　　　c) 回转移动副　　　d) 球面副

图 2-29　不同结构的机器人关节

77

关节是各杆件间的结合部分，是实现机器人各种运动的运动副。由于机器人的种类很多，其功能要求不同，关节的配置和传动系统的型式十分多样。机器人常用的关节有移动副和回转副。运动机构的两构件通过点或线的接触构成的运动副称为高副机构，简称高副。相对而言，运动机构的两构件通过面的接触构成的运动副称为低副机构。一个关节系统包括驱动器、传动器和控制器，它们属于机器人的基础部件。关节系统是整个机器人伺服系统中的一个重要环节，其结构、质量、尺寸对机器人性能有直接影响。关节分为回转关节、移动关节、圆柱关节和球关节。

(2) 连杆

连杆（link）指机器人手臂上相邻两关节分开的部分，是保持各关节间固定关系的刚体。它是机械连杆机构中两端分别与主动和从动构件铰接，以传递运动和力的杆件。图 2-30 所示为焊接机器人的连杆。连杆多为钢件，其主体部分的截面多为圆形或工字形，两端有孔，孔内装有青铜衬套或滚针轴承，供装入轴销而构成铰接。连杆是机器人中的重要部件，它连接着关节，其作用是将一种运动形式转变为另一种运动形式，并把作用在主动构件上的力传递给从动构件，以输出功率。

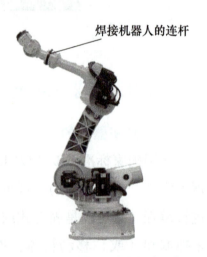

图 2-30　焊接机器人的连杆

(3) 刚度

刚度（stiffness）是机器人机身或臂部在外力作用下抵抗变形的能力。它是用外力和在外力作用方向上的变形量（位移）之比来度量的。在弹性范围内，刚度是零件载荷与位移成正比的比例系数，即引起单位位移所需的力。刚度的倒数称为柔度，即单位力引起的位移。刚度可分为静刚度和动刚度。

(4) 自由度

自由度是指描述物体运动所需要的独立坐标数。机器人的自由度是指机器人所具有的独立坐标轴运动的数目，其中不包括手爪（末端执行器）的开合自由度。机器人的自由度反映了机器人动作灵活的尺度，一般以轴的直线移动、摆动或旋转动作的数目来表示。机器人的自由度越多，就越接近人手的动作机能，通用性就越好。但是，自由度越多，机器人的结构越复杂，对机器人的整体要求就越高，这是机器人设计中的一个矛盾。

（5）工作空间

工作空间又称为工作范围、工作区域，是设备所能活动的所有空间区域。机器人的工作空间是指机器人手臂末端或手腕中心（手臂或手部安装点）所能到达的所有点的集合，不包括手部本身所能达到的区域。由于末端执行器的形状和尺寸是多种多样的，为真实反映机器人的特征参数，机器人的工作范围是指不安装末端执行器时的工作区域。

（6）工作速度

不同厂家对工作速度的定义也有所不同，有的厂家定义工作速度为工业机器人主要自由度上最大的稳定速度；有的厂家定义工作速度为手臂末端最大的合成速度，通常在技术参数中加以说明。一般来说，工作速度是指机器人在工作载荷条件下、匀速运动过程中，机械接口中心或工具中心点在单位时间内所移动的距离或转动的角度。

（7）工作载荷

工作载荷又称为承载能力，是机器人在规定的性能范围内机械接口处能承受的最大负载质量（包括手部），即在工作范围内的任何位姿上所能承受的最大质量。工作载荷通常用质量、力矩、惯性矩来表示。

3. 工业机器人发展概况

1920 年，捷克斯洛伐克作家卡雷尔·恰佩克在其剧本《罗萨姆的万能机器人》中最早使用"机器人"一词，剧中"Robot（机器人）"这个词的本义是苦力，即剧作家笔下的一个具有人的外表、特征和功能的机器，是一种人造的劳力。它是最早的工业机器人设想。

20 世纪 40 年代中后期，机器人的研究与发明得到了更多人的关注。20 世纪 50 年代以后，美国橡树岭国家实验室开始研究能搬运核原料的遥控操纵机械手，这是一种主从型控制系统。主从机械手系统的出现为机器人的产生以及近代机器人的设计与制造做了铺垫。

1954 年，美国发明家乔治·戴沃尔最早提出了工业机器人的概念，并申请了专利。该专利的要点是借助伺服技术控制机器人的关节，利用人手对机器人进行动作示教，机器人能实现动作的记录和再现。这就是所谓的示教再现机器人。现有的机器人差不多都采用这种控制方式。1959 年，UNIMATION 公司的第一台工业机器人在美国诞生，开创了机器人发展的新纪元。

4. 工业机器人的特点

当今工业机器人技术正逐渐向具有行走能力、多种感知能力、较强的对作业环境的自适应能力的方向发展。工业机器人的特点如图 2-31 所示。

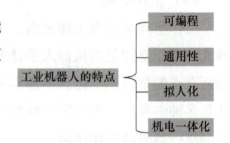

图 2-31 工业机器人的特点

（1）可编程

生产自动化的进一步发展使工业机器人可随其工作环境的需要而进行再编程，因此，它在小批量、多品种的柔性制造过程中能发挥很好的功用，是柔性制造系统中的一个重要组成部分。柔性制造系统（Flexible Manufacturing System，FMS）是由统一的信息控制系统、物料储运系统和一组数字控制加工设备组成，能适应加工对象变换的自动化机械制造系统。

（2）通用性

除了专门设计的专用工业机器人外，一般工业机器人在执行不同的作业任务时具有较好的通用性。例如，更换工业机器人手部末端执行器（手爪、工具等）便可执行不同的作业任务。

（3）拟人化

工业机器人在机械结构上有类似人的行走、转腰等动作和大臂、小臂、手腕、手爪等部件，并通过计算机进行控制。此外，智能化工业机器人还有许多类似人类的"生物传感器"，如皮肤型传感器、视觉传感器、声觉传感器和语言功能等。

（4）机电一体化

工业机器人技术涉及的学科相当广泛，涉及多个技术领域，包括工业机器人控制技术、机器人构建有限元分析、激光加工技术、模块化程序设计、智能测量、工厂自动化等先进制造技术，归纳起来就是机械学和微电子学结合的机电一体化技术。第三代智能机器人不仅具有获取外部环境信息的各种传感器，还具有记忆能力、语言理解能力、图像识别能力、推理判断能力等人工智能，这些都是微电子技术的应用，特别是和计算机技术的应用密切相关。

请同学们辩证地分析一下，是不是工业机器人的自由度越多越好？

二、工业机器人的分类

工业机器人的分类方式有很多种,这里主要介绍按臂部的运动形式、执行机构运动的控制功能、程序输入方式以及使用方式进行分类。

1. 按臂部的运动形式分类

工业机器人按臂部的运动形式的不同可分为三种。直角坐标型机器人(图2-32)的臂部可沿互成直角的三个坐标轴移动;圆柱坐标型机器人(图2-33)的臂部可做升降、回转和伸缩动作;球坐标型机器人(图2-34)的臂部能做回转、俯仰和伸缩动作。

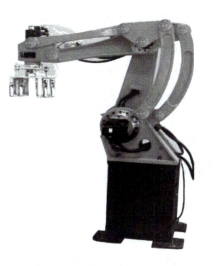

图 2-32　直角坐标型机器人

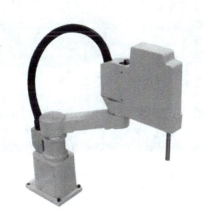

图 2-33　圆柱坐标型机器人

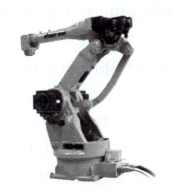

图 2-34　球坐标型机器人

2. 按执行机构运动的控制功能分类

工业机器人按执行机构运动的控制功能可分为点位型和连续轨迹型。点位型工业机器人只控制执行机构由一点到另一点的准确定位,适用于机床上下料、点焊和一般搬运、装卸等作业;连续轨迹型工业机器人可控制执行机构按给定的轨迹运动,适用于连续焊接和涂装等作业。

3. 按程序输入方式分类

工业机器人按程序输入方式的不同可分为编程输入型和示教输入型两类。编程输入型工业机器人是将计算机上已编写好的作业程序文件通过 RS232 接口或者以太网等通信方式传送到机器人控制柜。示教输入型工业机器人的示教方法有两种：一种是由操作者用手动控制器（示教操纵盒）将指令信号传给驱动系统，使执行机构按照要求的动作顺序和运动轨迹操演一遍；另一种是由操作者直接领动执行机构，按照要求的动作顺序和运动轨迹操演一遍。在示教的同时，工作程序的信息自动存入程序存储器中，在机器人自动工作时，控制系统从程序存储器中检测出相应信息，将指令信号传给驱动机构，使执行机构再现示教的各种动作。

4. 按使用方式分类

工业机器人根据使用方式的不同可以分成多种类型。下面简单介绍喷涂机器人、码垛机器人、装配机器人、搬运机器人、清洁机器人、涂胶机器人、焊接机器人、上/下料机器人和移动机器人。

（1）喷涂机器人

喷涂机器人又称为喷漆机器人，是可以进行自动喷漆或喷涂其他涂料的工业机器人。喷涂机器人主要由机器人本体、计算机和相应的控制系统组成。较先进的喷涂机器人腕部采用柔性手腕，既可向各个方向弯曲，又可转动，其动作类似人的手腕，能方便地通过较小的孔伸入工件内部喷涂其内表面，如图 2-35 所示。

图 2-35 喷涂机器人

喷涂机器人的主要优点如下：

1）柔性大，工作范围大。

2）能提高喷涂质量和材料使用率。

3）易于操作和维护。可离线编程，大大地缩短了现场调试时间。

4）设备利用率高。喷涂机器人的利用率可达 90%~95%。

（2）码垛机器人

码垛机器人是机械与计算机程序有机结合的产物，为现代生产提供了更高的生产率。图 2-36 所示为码垛机器人堆放物资。

码垛机器人的特点如下：

1）结构简单、零部件少。因此，零部件的故障率低、性能可靠、保养维修简单，所需库存零部件少。

2）占地面积小。有利于厂房中生产线的布置，并可留出较大的库房面积。

3）适用性强。当产品的尺寸、体积、形状及托盘的外形尺寸发生变化时，只需在触摸屏上稍做修改即可。

4）能耗低。通常机械式码垛机的功率为 26kW 左右，而码垛机器人的功率为 5kW 左右，大大降低了能耗。

5）全部控制均可在控制柜屏幕上完成，操作非常简单。

6）只需定位抓起点和摆放点，示教方法简单易懂。

图 2-36　码垛机器人堆放物资

（3）装配机器人

装配机器人是柔性自动化装配系统的核心设备，由机器人操作机、控制器、末端执行器和传感系统组成，如图 2-37 所示。其中，操作机的结构类型有水平关节型、直角坐标型、多关节型和圆柱坐标型等；控制器一般采用多 CPU 或多级计算机系统实现运动控制和运动编程；末端执行器为适应不同的装配对象而设计成各种手爪和手腕等；传感系统用来获取装配机器人与环境和机器装配对象之间相互作用的信息。

图 2-37　装配机器人

(4) 搬运机器人

搬运机器人是可以进行自动化搬运作业（搬运作业是指用一种设备握持工件，从一个加工位置移到另一个加工位置）的工业机器人，如图 2-38 所示。最早的搬运机器人出现在 1960 年的美国，Versatran 和 Unimate 两种机器人首次用于搬运作业。搬运机器人可安装不同的末端执行器，以完成各种不同形状和状态的工件搬运工作，大大减轻了人类繁重的体力劳动。

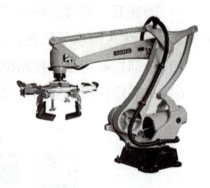

图 2-38 搬运机器人

(5) 清洁机器人

清洁机器人是为人类服务的特种机器人，主要从事家庭卫生的清洁、清洗等工作。按照应用范围和用途的不同，清洁机器人有不同类型。

清洁机器人的特点如下：

1) 省时、省力。整个清洁过程不需要人控制。

2) 低噪声。音量小于 50dB，清洁房间的过程免受噪声之苦。

3) 净化空气。内置活性炭，可吸附空气中的有害物质。

4) 轻便小巧。能轻松打扫普通吸尘器清理不到的死角。图 2-39 和图 2-40 所示为两种不同类型的清洁机器人。

图 2-39 擦地机器人　　　　图 2-40 清洁机器人

(6) 涂胶机器人

涂胶机器人广泛应用于汽车领域，可为汽车的顶棚横梁和发动机盖等不同型号工件进行涂胶工作。图 2-41 所示为机器人进行汽车涂胶工作。

（7）焊接机器人

焊接机器人主要包括机器人和焊接设备两部分。机器人由机器人本体和控制柜（硬件及软件）组成。而焊接装备（以弧焊及点焊为例）则由焊接电源（包括其控制系统）、送丝机（弧焊）、焊枪（钳）等部分组成。焊接机器人目前已广泛应用于汽车制造业中汽车底盘、座椅骨架、导轨、消声器以及液

图 2-41　涂胶机器人

力变矩器等的焊接，尤其在汽车底盘焊接生产中得到了广泛的应用。图 2-42 所示为焊接机器人对工件进行焊接。

（8）上/下料机器人

上/下料机器人能满足快速且大批量加工、节省人力成本、提高生产率等要求，已成为越来越多工厂的理想选择。图 2-43 所示为一种上/下料机器人。

图 2-42　焊接机器人

图 2-43　上/下料机器人

上/下料机器人的特点如下：

1）可以完成对圆盘类、长轴类、不规则形状、金属板类等工件的自动上料、下料、翻转、转序等工作。

2）不依靠机床的控制器进行控制，机械手采用独立的控制模块，不影响机床运转。

3）可选独立料仓设计，料仓可独立自动控制。

4）可选独立流水线设计。

(9) 移动机器人

移动机器人是一种在复杂环境下工作的，具有自行组织、自主运行、自主规划能力的智能机器人，融合了计算机技术、信息技术、通信技术、微电子技术和机器人技术等，如图 2-44 所示。它具有移动功能，在代替人类从事危险、恶劣（如辐射、有毒等）环境下作业和人所不及的（如宇宙空间、水下等）环境作业方面，比一般机器人有更高的机动性和灵活性。根据移动方式的不同，移动机器人可分为轮式移动机器人、步行移动机器人（单腿式、双腿式和多腿式）、履带式移动机器人、爬行式机器人、蠕动式机器人和游动式机器人等类型。根据工作环境的不同，移动机器人可分为室内移动机器人和室外移动机器人。根据控制体系结构的不同，移动机器人可分为功能式（水平式）结构机器人、行为式（垂直式）结构机器人和混合式机器人。根据功能和用途的不同，移动机器人又可分为医疗机器人、军用机器人、助残机器人和清洁机器人等。

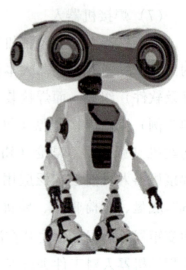

图 2-44 移动机器人

 想一想

同学们生活中所见过的机器人属于哪种类型？

三、工业机器人的基本组成及应用

1. 工业机器人的基本组成

工业机器人由三大部分六个子系统组成。

(1) 工业机器人的三大部分

三大部分分别是机械部分、感受部分和控制部分，如图 2-45 所示。

1）机械部分。机械部分相当于机器人的血肉组成部分，也就是常说的机器人本体。机械部分主要分为驱动系统和机械结构系统。

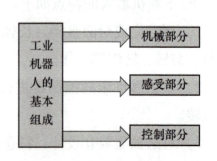

图 2-45 工业机器人的基本组成

2)感受部分。感受部分就好比人类的五官,为机器人工作提供感觉,使机器人的工作更加精确。感受部分主要分为感知系统和机器人-环境交互系统。

3)控制部分。控制部分相当于机器人的大脑部分,可以直接或者通过人工对机器人的动作进行控制。控制部分主要分为人-机交互系统和控制系统。

(2)工业机器人的六个子系统

工业机器人的六个子系统是驱动系统、机械结构系统、感知系统、机器人-环境交互系统、人-机交互系统及控制系统,如图2-46所示。

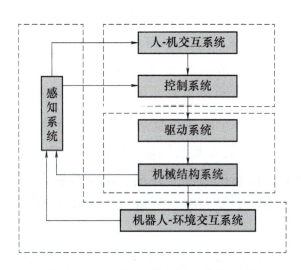

图 2-46　工业机器人的六个子系统

1)驱动系统。要使机器人运行起来,需要给各个关节即每个运动自由度安装传动装置,这就是驱动系统。驱动系统可以是液压、气动或电动的,也可以是把它们结合起来应用的综合系统,还可以是直接驱动或者通过同步带、链条、轮系、谐波齿轮等机械传动机构进行间接驱动。

2)机械结构系统。工业机器人的机械结构系统是工业机器人为完成各种运动的机械部件。系统由骨骼(杆件)和连接它们的关节(运动副)构成,具有多个自由度,主要包括手部、腕部、臂部、机身等部件。手部又称为末端执行器或夹持器,它可以是两个或多个手指的手爪,是工业机器人对目标直接进行操作的部分,在手部可安装专用的工具,如焊枪、喷枪、电钻、电动螺钉(母)拧紧器等。腕部是连接手部和臂部的部分,主要功能是调整手部的姿态和方位。臂部连接机身和腕部,是支承腕部和手部的部件,由动力关节和连杆组成,用来承受工件或工具的负荷,改变工件或工具的空间位置,并送至预定位置。机身是机器人的支承部分,有固定式和移动式两种。若机身具备行走机构,便构成行走机器人;

若机身不具备行走及腰转机构，则构成单臂机器人。手臂一般由上臂、下臂和手腕组成。

3）感知系统。感知系统由内部传感器和外部传感器组成，其作用是获取机器人内部和外部环境信息，并把这些信息反馈给控制系统。内部传感器用于检测各个关节的位置、速度等变量，为闭环伺服控制系统提供反馈信息。外部传感器用于检测机器人与周围环境之间的一些状态变量，如距离、接近程度和接触情况等，用于引导机器人，便于其识别物体并做出相应处理。外部传感器一方面使机器人能更准确地获取周围环境情况，另一方面也能起到矫正误差的作用。

4）机器人-环境交互系统。机器人-环境交互系统是实现工业机器人与外部设备相互联系和协调的系统。工业机器人与外部设备可以集成为一个功能单元，如加工制造单元、焊接单元、装配单元等。也可以是多台机器人、多台机床设备或者多个零件存储装置集成为一个能执行复杂任务的功能单元。

5）人-机交互系统。人-机交互系统是使操作人员参与机器人控制并与机器人进行联系的装置，例如，计算机的标准终端、指令控制台、信息显示板、危险信号警报器、示教盒等。简单来说，该系统可以分为两大部分：指令给定系统和信息显示装置。

6）控制系统。控制系统的任务是根据机器人的作业指令从传感器获取反馈信号，控制机器人的执行机构，使其完成规定的运动和功能。如果机器人不具备信息反馈功能，则该控制系统称为开环控制系统；如果机器人具备信息反馈功能，则该控制系统称为闭环控制系统。该部分主要由计算机硬件和软件组成。软件主要由人-机交互系统和控制算法等组成。

2. 工业机器人的基本工作原理

现在广泛应用的工业机器人都属于第一代机器人，它的基本工作原理是示教再现。示教也称为导引，即由用户引导机器人一步步将实际任务操作一遍，机器人在引导过程中自动记忆示教的每个动作的位置、姿态、运动参数、工艺参数等，并自动生成一个连续执行全部操作的程序。完成示教后，只需给机器人一个起动命令，机器人将精确地按示教动作一步步完成全部操作，这就是示教与再现。

3. 工业机器人的应用

工业机器人在工业生产中能代替人做某些单调、频繁和重复的长时间作业，或是在危险、恶劣的环境下作业，例如，在冲压、压力铸造、热处理、焊接、涂装、塑料制品成型、机械加工和简单装配等工序上，以及在原子能工业等部门中，完成对人体有害物料的搬运或工艺操作。具体应用主要涉及以下行业。

（1）汽车制造业

在我国，50%的工业机器人应用于汽车制造业，其中50%以上为焊接机器人；在发达国家，汽车工业机器人占机器人总保有量的53%以上。据统计，世界各大汽车制造厂生产的每万辆汽车所拥有的机器人数量为10台以上。随着机器人技术的不断发展和日臻完善，工业机器人必将对汽车制造业的发展起到极大的促进作用。而中国正由制造大国向制造强国迈进，需要提升加工手段，提高产品质量，增加企业竞争力，这一切都预示了机器人的发展前景巨大。在未引入机器人以前的中国重型汽车集团有限公司，一个工人只能照看两台机床，引入工业机器人后，一台机器人可以自动操控5～10个加工中心，大大提高了生产率。

（2）电子电气行业

在电子类的IC、贴片元器件的生产领域，工业机器人的应用较普遍。目前，世界工业界装机最多的工业机器人是SCARA型四轴机器人。在电子电气领域，工业机器人在分拣装箱、撕膜系统、激光塑料焊接、高速码垛等一系列流程中表现出色。

（3）铸造行业

铸造行业通常需要在极端的工作环境下进行多班作业，这更是加重了工人和机器的负担。工业机器人以其模块化的结构设计、灵活的控制系统、专用的应用软件能够满足铸造行业整个自动化应用领域的最高要求。它不仅防水，而且耐脏、耐高温，甚至可以直接在注塑机旁边、内部和上方取出工件。它还可以可靠地将工艺单元和生产单元连接起来。此外，在去毛边、磨削和钻孔等精加工作业以及质量检测方面，工业机器人也表现非凡。

（4）食品行业

工业机器人的运用范围越来越广泛，即使在很多的传统工业领域中人们也在努力用机器人代替人类工作，在食品行业中的情况也是如此。目前，已经开发出的食品工业机器人有包装罐头机器人、自动午餐机器人和切割牛肉机器人等。

综上所述，工业机器人在很多领域都发挥着重要的作用，给人类带来了许多好处，如减少劳动力费用、提高生产率、提高产品质量、增加制造过程的柔性、减少材料浪费、控制和加快库存的周转、降低生产成本、代替危险和恶劣的人工岗位等。

想一想

请举例说明你见过的机器人应用，并概括说明机器人给人类的生活带来了哪些便利？

延伸阅读

国际机器人应用技术现状

当今机器人技术正逐渐向着具有行走能力、多种感觉能力及对作业环境较强的自适应能力方面发展。美国某公司已成功地将神经网络装到芯片上，其分析速度比普通计算机快千万倍，可更快、更好地完成语言识别、图像处理等工作。

目前，对全球机器人技术发展最有影响力的国家是美国和日本。美国在机器人技术的综合研究水平上仍处于领先地位，而日本生产的机器人数量占世界机器人总数的50%以上，欧洲约占20%，美国约占10%。机器人技术的发展推动了机器人学科的建立，许多国家成立了机器人协会，美国、日本、英国、瑞典等国家设立了机器人学学位。

20世纪70年代以来，许多大学开设了机器人课程，开展了机器人学的研究工作，如美国的麻省理工学院、斯坦福大学、康奈尔大学、加利福尼亚大学等都是研究机器人学富有成果的著名学府。随着机器人学的发展，相关的国际学术交流活动也日渐增多，目前最有影响力的国际会议是IEEE每年举行的机器人与自动化科学国际会议。

目前，我国已成为世界上增长最快的工业机器人市场之一。机器人时代的来临，必将引领一场工业革命。

基础训练

一、填空题

1. 我国国家标准 GB/T 12643—2013《机器人与机器人装备 词汇》中对工业机器人定义：自动_____、可_____、_____、_____的操作机，可对三个或三个以上轴进行编程。它可以是固定式或移动式。在工业自动化中使用。

2. 关节（joint）即_____，是允许机器人_____各零件之间发生相对运动的机构，是两构件_____并能产生_____的活动连接。

3. 连杆（link）指机器人手臂上_____的部分，是保持各关节间_____关系的刚体。

4. 机器人的自由度是指机器人所具有的独立坐标轴_____的数目，其中不包括手爪（末端执行器）的开合自由度。

5. 关节系统包括_____、_____和_____，它们属于机器人的基础部件。关节系统是整个机器人伺服系统中的一个重要环节，其结构、质量、尺寸对机器人性能有直接影响。

6. 工业机器人按臂部的运动形式的不同可分为_____机器人、_____机器人和_____机器人。

7. 工业机器人按程序输入方式的不同可分为_____型和_____型两类。

8. 工业机器人按执行机构运动的控制功能可分为_____型和_____型。

9. 工业机器人由_____、_____和_____三大部分组成。

10. 喷涂机器人又称为_____机器人，是可以进行自动喷漆或喷涂其他涂料的工业机器人。

二、判断题

1. 关节分为回转关节、移动关节、圆柱关节和球关节。（　　）

2. 机器人的自由度反映机器人动作灵活的尺度，一般以轴的直线移动、摆动或旋转动作的数目来表示。在实际应用中，机器人的自由度越多越好，所以应该尽量生产自由度高的机器人。（　　）

3. 工业机器人根据不同的使用方式可以分成喷涂机器人、码垛机器人、装配机器人、搬运机器人、清洁机器人和涂胶机器人等。（　　）

4. 移动机器人是一种在复杂环境下工作的，具有自行组织、自主运行、自主规划能力的智能机器人，融合了计算机技术、信息技术、通信技术、微电子技术和机器人技术等。（　　）

5. 焊接机器人主要包括机器人和焊接设备两部分。（　　）

三、简答题

1. 请简要说明工业机器人的特点。
2. 请简要说明第一代机器人的工作原理。
3. 工业机器人的六个子系统是什么？分别属于哪个部分？
4. 请概括说明工业机器人在汽车领域的应用。
5. 同学们在日常生活中用过扫地机器人吗？请说明它的优、缺点。

学习任务三 挖 掘 机

 学习目标

1. 了解挖掘机的发展及性能指标。
2. 掌握挖掘机的定义、分类及结构。
3. 熟悉挖掘机的基本操作常识及基本维护保养。

 相关知识

挖掘机又称为挖掘机械（excavating machinery）或挖土机，是用铲斗挖掘高于或低于承机面的物料，并装入运输车辆或卸至堆料场的土方机械。

挖掘机挖掘的物料主要是土壤、煤、泥沙以及经过预松后的岩石。从近几年工程机械的发展来看，挖掘机的发展速度相对较快，并已成为工程建设中最主要的工程机械之一。

一、挖掘机的发展及分类

1. 挖掘机的发展史

最早的挖掘机是手动的，从发明至今已经有180多年历史，期间经历了由蒸汽驱动斗回转挖掘机到电力驱动和内燃机驱动回转挖掘机，再到应用机电液一体化技术的全自动液压挖掘机的发展过程。

1835年，第一台挖掘机在美国诞生——以蒸汽作为动力的动力铲。美国人威廉·奥蒂斯研制的蒸汽铲如图2-47所示。

19世纪70年代，经过改进的蒸汽铲正式生产并应用于露天矿的剥离。1872年，奥蒂斯蒸汽铲用于美国新泽西州铁路建设工程，如图2-48所示。

图2-47　美国人威廉·奥蒂斯研制的蒸汽铲

图2-48　蒸汽铲用于美国新泽西州铁路建设工程

1877年，拉斯顿普罗克特（Ruston Proctor）蒸汽铲公司供给英国曼彻斯特运河船公司的蒸汽铲如图2-49所示。

1880年又出现了第一批以拖拉机为底盘的半回转式蒸汽铲，如图2-50所示。

图2-49　英国曼彻斯特运河船公司的蒸汽铲

图2-50　半回转式蒸汽铲

挖掘机的发展史大致可分为三个时期（也称为三代）。

1）第一代：电动机、内燃机的出现，使挖掘机有了适用的动力装置，解决了工程挖掘机械移动的动力源难题，促进了挖掘机的诞生和发展。曾经我国矿山使用的电铲（现已升级为第三代）就属于第一代产品。1900年，第一台以柴油机为动力的挖掘机问世，如图2-51所示。

马里昂（Marion）6360单斗电铲制造于1965年，整机重13600t，总功率为21300马力（约为15666kW），铲斗容量为138m³，如图2-52所示。

图 2-51 第一台以柴油机为动力的挖掘机

图 2-52 马里昂 6360 单斗电铲

比塞洛斯 8750 型步进式拉铲自重为 5300t，臂长为 110m、斗容为 90m³，功率为 9700kW，如图 2-53 所示。

2）第二代：20 世纪 50 年代中期，德国和法国相继研制出全回转式液压挖掘机，从此挖掘机的发展进入了一个新的阶段。液压传动代替机械传动是挖掘机技术上的一次飞跃，挖掘机的液压化是第二代产品的标志，史称传动革命阶段。利勃海尔生产的第一台全回转液压挖掘机如图 2-54 所示。

图 2-53 比塞洛斯 8750 型步进式拉铲

图 2-54 利勃海尔生产的第一台全回转液压挖掘机

3）第三代：电子技术尤其是计算机技术的广泛应用，使挖掘机有了合适的控制系统，20 世纪 80 年代中期，挖掘机的电子化是挖掘机第三代产品的标志。第三代产品还在延续，目前，液压挖掘机的主要发展方向是机电一体化技术。作为工程机械主导产品的液压挖掘机，经过几十年的研究和发展，已逐渐完善，其工作装置、主要结构件和液压系统已基本定型。人们对液压挖掘机的研究逐步向机电液控制方向转移。国外最新控制技术是利用计算机直接控制。

2. 挖掘机的分类

（1）按作业方式分类

挖掘机按作业方式的不同可分为单斗挖掘机——周期作业（图 2-55）和多斗挖掘机——连续作业（图 2-56）。

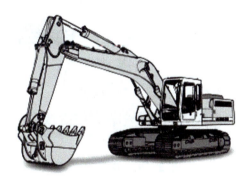

图 2-55　单斗挖掘机

图 2-56　多斗挖掘机

（2）按驱动方式分类

挖掘机按驱动方式的不同可分为内燃机驱动挖掘机、电力驱动挖掘机和复合式驱动挖掘机。其中，电力驱动挖掘机（图 2-57a）主要应用于高原缺氧、地下矿井和一些易燃易爆的场所。

a) 电力驱动　　　　b) 内燃机驱动　　　　c) 复合式驱动

图 2-57　不同驱动方式的挖掘机

（3）按行走方式分类

挖掘机按行走方式的不同可分为轮胎式挖掘机（图 2-58）和履带式挖掘机（图 2-59）。

（4）按工作装置分类

挖掘机按工作装置的不同可分为正铲挖掘机、反铲挖掘机、拉铲挖掘机和抓铲挖掘机。正铲挖掘机多用于挖掘地表以上的物料，反铲挖掘机多用于挖掘地表以下的物料。

图 2-58 轮胎式挖掘机

图 2-59 履带式挖掘机

反铲挖掘机（图 2-60）十分常见，其特点是"向后向下强制切土"，可用于停机作业面以下的挖掘，基本作业方式有沟端挖掘、沟侧挖掘、直线挖掘、曲线挖掘、保持一定角度挖掘、超深沟挖掘和沟坡挖掘等。

正铲挖掘机（图 2-61）的特点是"前进向上，强制切土"。正铲挖掘机的挖掘力大，能开挖停机面以上的土壤，适用于开挖高度大于 2m 的干燥基坑，但须设置上下坡道。正铲挖掘机的挖斗比同当量反铲挖掘机的挖斗要大一些，可开挖含水量不大于 27% 的 I～Ⅲ 类土壤，且与自卸汽车配合完成整个挖掘运输作业，还可以挖掘大型干燥基坑和土丘等。正铲挖土机根据开挖路线与运输车辆相对位置的不同，挖土和卸土的方式有两种：①正向挖土，侧向卸土；②正向挖土，反向卸土。

图 2-60 反铲挖掘机

图 2-61 正铲挖掘机

拉铲挖掘机（图2-62）也称为索铲挖土机。其挖土特点是"向后向下，自重切土"，适用于开挖停机面以下的Ⅰ、Ⅱ类土壤。拉铲挖掘机工作时，利用惯性力将铲斗甩出，挖土半径和挖土深度较大，尤其适用于开挖大而深的基坑或水下挖土。

抓铲挖掘机（图2-62）也称为抓斗挖土机。其挖土特点是"直上直下，自重切土"，适用于开挖停机面以下的Ⅰ、Ⅱ类土壤，在软土地区常用于开挖基坑、沉井等，尤其适用于挖深而窄的基坑，疏通旧有渠道以及挖取水中淤泥等，或用于装载碎石、矿渣等松散料等，若将抓斗做成栅条状，还可用于储木场装载矿石块、木材等。抓铲挖掘机的开挖方式有沟侧开挖和定位开挖两种。

图2-62 拉铲挖掘机

图2-63 抓铲挖掘机

（5）按挖掘机质量分类

挖掘机按质量的不同可分为以下几类：

1) 微型挖掘机：$m \leqslant 6t$。
2) 小型挖掘机：$6t < m \leqslant 16t$。
3) 中型挖掘机：$16t < m \leqslant 40t$。
4) 大型挖掘机：$40t < m \leqslant 100t$。
5) 特大型挖掘机：$m > 100t$。

(6) 按传动方式分类

挖掘机按传动方式的不同可分为液压挖掘机和机械挖掘机。机械挖掘机主要用在一些大型矿山上。

(7) 按使用条件分类

挖掘机按使用条件的不同可分为通用挖掘机（图2-64）和专用挖掘机。专用挖掘机一般包括矿用挖掘机（图2-65）、船用挖掘机（图2-66）和特种挖掘机等。

图2-64　通用挖掘机

图2-65　矿用挖掘机

图2-66　船用挖掘机

(8) 按品牌系列分类

1) 欧美系：卡特、沃尔沃、凯斯、杰西博。

2) 日系：小松、日立、神钢、久保田、石川岛。

3) 韩系：斗山、现代。

4) 国产：三一、柳工、玉柴。

项目二　典型产业类机电设备

正铲式挖掘机与装载机有什么区别？

二、挖掘机的结构及主要参数

1. 挖掘机的结构

挖掘机整机从结构上可分为三大部分：底盘总成、工作装置总成和上部平台总成，如图 2-67 所示。

图 2-67　挖掘机结构示意图

（1）底盘功能及结构

底盘功能：支承整个挖掘机上部质量；行走和转向的动力源与执行机构，并把驱动轮传递的动力转变为牵引力，实现整机的行走；承受工作装置挖掘时的反力。底盘结构组成如图 2-68 所示。

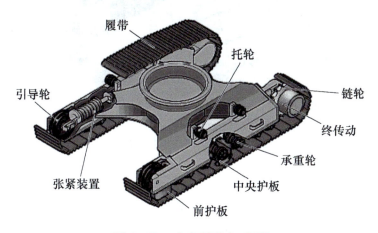

图 2-68　底盘结构组成图

99

(2) 工作装置功能及结构

工作装置是挖掘机的主要部件之一。因用途不同，工作装置的种类繁多，其中最主要的有反铲装置、正铲装置、起重装置、抓斗装置和破碎装置等。这里主要介绍反铲装置。挖掘机反铲工作装置主要的挖掘对象是掌子面（停机面）下的物料，通过一系列的复合动作，完成对土石方的转运工作。反铲工作装置组成如图 2-69 所示，铲斗总成结构如图 2-70 所示，斗杆总成结构如图 2-71 所示，动臂总成结构如图 2-72 所示。

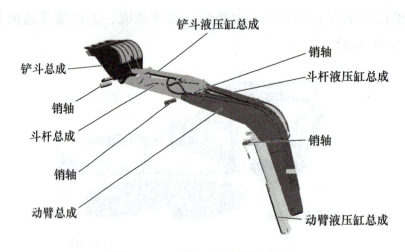

图 2-69　反铲工作装置组成图

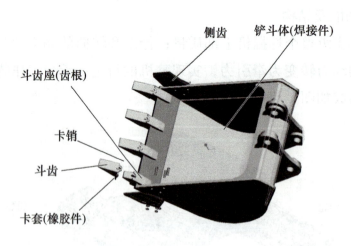

图 2-70　铲斗总成结构图

(3) 上部平台功能及结构

挖掘机的上部平台总成从结构上分为平台、液压系统、动力系统、空调系统、电气系统、配重、覆盖件和驾驶室八部分，此外，还有灯罩板、硅油减振、蓄电池盖等零件。其结构布局如图 2-73 所示。上部平台的功用主要是支承整个上部各结构部件，铰接工作装置，是工作装置的支承点及整个挖掘机的工作平台。

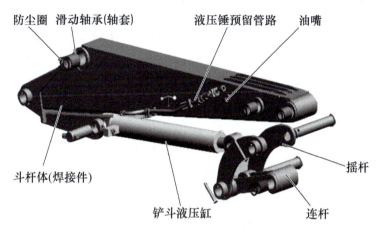

图 2-71　斗杆总成结构图

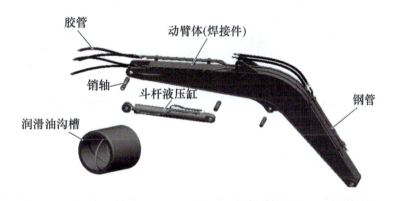

图 2-72　动臂总成结构图

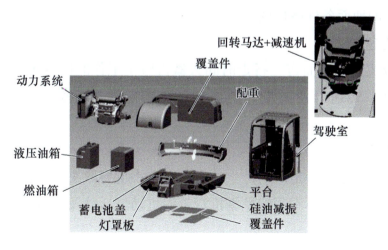

图 2-73　上部平台结构布局图

2. 挖掘机的主要参数

（1）操作质量

操作质量是指挖掘机在空斗状态下，按规定注满冷却液、燃油、润滑油、液压油并包括工具、备件、司机（75kg）和其他附件等的整机质量。操作质量是挖掘机三个重要参数（发动机功率、铲斗额定容量和操作质量）之一，它决定了挖掘机的级别及挖掘力的上限。

（2）挖掘力

挖掘力主要分为小臂挖掘力和铲斗挖掘力，如图2-74所示。

两个挖掘力的作用点均为铲斗的齿根（铲斗的唇边），只是动力不同，小臂挖掘力来自小臂液压缸；而铲斗挖掘力来自铲斗液压缸。在功率一定的情况下，挖掘力与斗杆及大臂的长度成反比。

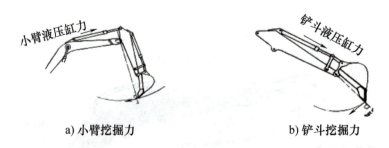

图2-74　挖掘力

（3）接地压力

接地压力是指机器质量对地面产生的压力。挖掘机单位面积的接地压力的大小决定了挖掘机适合工作的地面条件。一般来说，单位面积的接地压力越小，挖掘机适合工作的地面条件越广泛。

（4）行走速度

对于履带式挖掘机而言，行走时间大概占整个工作时间的1/10。一般而言，发动机的功率、转速以及履带的转速和行走稳定性等都会影响挖掘机的行走速度。

（5）牵引力

牵引力是指挖掘机行走时所产生的力，其大小主要取决于挖掘机的行走马达。行走速度与牵引力的大小都影响挖掘机行走的机动灵活性及其行走能力。

（6）爬坡能力

爬坡能力是指爬坡、下坡，或在一个坚实、平整的坡上停止的能力。爬坡能力有两种常用表示方法：角度表示法和百分比表示法，如图 2-75 所示。

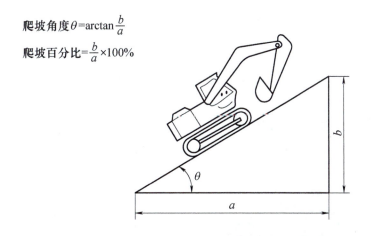

图 2-75　爬坡能力大小的示意图

（7）回转速度

回转速度是指挖掘机空载时，稳定回转所能达到的最大平均速度。它分为加速阶段、恒速阶段和减速阶段。对于一般挖掘工作来说，在以底座为中心，支臂与车身摆正作为起始点的情况下，自身旋转 0°～180° 的范围内工作时，回转马达有加速或减速，当转到 270°～360° 范围内时，回转速度达到稳定。回转速度示意如图 2-76 所示。

（8）发动机功率

发动机总功率：指在未装消耗功率附件，如消声器、风扇、交流发电机及空气滤清器的情况下，在发动机飞轮上测得的输出功率。

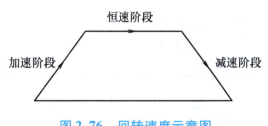

图 2-76　回转速度示意图

发动机有效功率：指在装有全部消耗功率附件，如消声器、风扇、交流发电机及空气滤清器的情况下，在发动机飞轮上测得的输出功率。

（9）噪声

挖掘机噪声主要来源于发动机。噪声分两种表现形式，一种是操作人员耳边的噪声，另一种是机器周围的噪声，分别有不同的测定标准。

（10）铲斗额定容量

铲斗额定容量是指铲斗平装容量与堆尖部分体积之和，如图 2-77 所示。

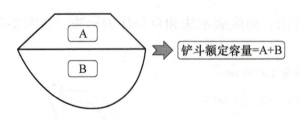

图 2-77　铲斗额定容量示意图

（11）铲斗类型及适用工况

常见铲斗有直边铲斗和曲边铲斗，如图 2-78 所示。

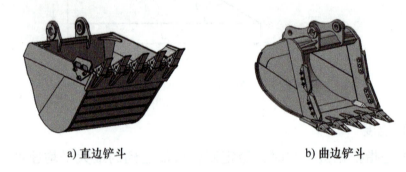

a）直边铲斗　　　　　　　　　　b）曲边铲斗

图 2-78　铲斗类型

不同斗型的铲斗应用场合也有很大的不同。直边铲斗和曲边铲斗的适用工况见表 2-7。

表 2-7　不同斗型的铲斗适用工矿

铲斗类型	适用工矿	物料比重/(t/m^3)
直边铲斗	一般建设用	1.5～1.8
曲边铲斗	采石场矿山专用	2.0

（12）履带板

给机器装上合适的履带板是很重要的。对履带式挖掘机来说，选择履带的标准是：只要有可能，尽量使用最窄的履带板。

常用履带板类型：齿履带板（图 2-79）和平履带板（图 2-80）。

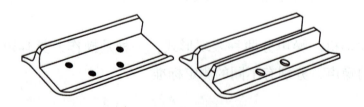
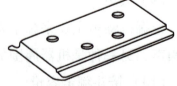

图 2-79　齿履带板示意图　　　　　　　图 2-80　平履带板示意图

挖掘机性能的评价指标有哪些方面？

三、挖掘机的基本操作常识及维护保养

1. 挖掘机的基本操作常识

1）挖掘机是经济投入较大的固定资产，为了提高其使用年限以获得更高的经济效益，必须做到定人、定机、定岗位，明确职责。人员必须调岗时，应进行设备交底。

2）挖掘机进入施工现场后，驾驶员应先观察工作面地质及四周环境，挖掘机旋转半径内不得有障碍物，以免发生事故。

3）挖掘机起动后，禁止任何人员站在铲斗内、铲臂上及履带上，以确保安全生产。

4）挖掘机工作时，禁止任何人员在回转半径范围内或铲斗下工作、停留或行走。非驾驶人员不得进入驾驶室，不得在工作中带培训驾驶员，以免造成电器设备的损坏。

5）挖掘机挪位时，驾驶员应先观察四周环境并鸣笛，后挪位，避免机械旁有人而造成安全事故，挪位后的位置要确保挖掘机旋转半径内无任何障碍。严禁违章操作。

6）工作结束后，应将挖掘机挪离低洼处或地槽（沟）边缘，停放在平地上，关闭门窗并锁住。

7）驾驶员必须做好设备的日常保养、检修、维护工作，做好设备每日使用记录。发现车辆有问题，不能带病作业，要及时汇报、修埋。

8）必须做到驾驶室内干净、整洁，保持车身表面清洁、无灰尘、无油污。养成工作结束后擦车的习惯。

9）驾驶员要及时做好日台班记录，对当日的工作内容做好统计。对工程外零工或零项及时办好手续，并做好记录，以备结账使用。

10）驾驶员在工作期间严禁喝酒和酒后驾驶，否则，将给予经济处罚，造成的经济损失，由本人承担。

11）对人为造成的车辆损坏，要分析原因，查找问题，分清职责，按责任轻重进行经济处罚。

12）要培养高度的责任心，确保安全生产，认真做好与用户的沟通和服务工作，树立良好的工作作风，为企业的发展和效益尽职尽责。

13）挖掘机操作属于特种作业，需要特种作业操作证才能上岗。

14）做保养时必须遵守保养禁忌。

2. 挖掘机的日常维护保养

对挖掘机实行定期维护保养的目的是：减少机器故障，延长机器使用寿命，缩短机器停机时间，提高工作效率，降低作业成本。

只要管理好燃油、润滑油、水和空气，就可减少70%的故障。事实上，70%左右的挖掘机故障是由于管理不善造成的。

（1）日常检查

起动机车前应进行目视检查，按如下顺序彻底检查机车周围环境与底部：

1）是否有机油、燃油和冷却液泄漏的情况。

2）是否有松动的螺栓和螺母。

3）电气线路中是否有导线断裂、短路和蓄电池接头松动的情况。

4）是否有油污。

5）是否有民物积聚。

（2）日常检查的注意事项

日常检查工作是保证挖掘机能够长期保持高效运行的重要环节，特别是对于个体户而言，做好日常检查工作可以有效降低维护成本。

1）首先围绕机械转两圈，检查外观及机械底盘有无异样，以及回转支承是否有油脂流出，再检查减速制动装置及履带的螺栓紧固件，该拧紧的拧紧，该更换的及时更换，如果是轮式挖掘机就需要检查轮胎是否有异样，以及胎压的稳定性。

2）查看挖掘机斗齿是否有较大磨损。斗齿的磨损会大幅增加施工过程中的阻力，将严重影响工作效率，增加设备零部件磨损率。

3）查看斗杆及液压缸是否有裂纹或漏油现象。检查蓄电池电解液，避免其处于最低水平线以下。

4）空气滤清器是防止大量含尘空气进入挖掘机的重要部件，应经常检查、清洗。

5）经常查看燃油、润滑油、液压油和冷却液等是否需要添加，并且按照说明书的要求选择油液，并保持清洁。

（3）日常保养

底盘日常保养主要包括：各润滑点定期加注润滑油（润滑油的作用为润滑、冷却、洗涤、密封、防锈、消除冲击载荷，润滑的操作满足"五定"——定点、定质、定量、定期、定人）。

想一想

挖掘机操作结束后有哪些注意事项？

延伸阅读

挖掘机的"八不准"

1）不准有一轮处于悬空状态，以"三条腿"的方式进行作业。
2）不准以单边铲斗斗牙硬啃岩体的方式进行作业。
3）不准以强行挖掘大块石和硬啃固石、根底的方式进行作业。
4）不准用斗牙挑起大块石装车的方式进行作业。
5）在铲斗未撤出掌子面时，不准回转或行走。
6）运输车辆未停止前不得装车。
7）铲斗不准从汽车驾驶室上方越过。
8）不准用铲斗推动汽车。

基础训练

一、填空题

1. 挖掘机的结构可分为三大部分：_____、_____和_____。
2. 铲斗额定容量是指_____与_____之和。
3. 挖掘机按行走方式的不同可分为_____和_____。
4. 可进行周期作业的是_____挖掘机，能够连续作业的是_____挖掘机。

5. 液压挖掘机属于第_____代挖掘机。

二、选择题

1. 挖掘机的别称是什么（　　）。

   A. 挖土机　　　　　B. 压路机　　　　　C. 修路机　　　　　D. 拖拉机

2. 目前国内矿山使用的电铲属于第（　　）代挖掘机。

   A. 1　　　　　　　　　　　　　　　　　B. 2

   C. 3　　　　　　　　　　　　　　　　　D. 4

3. 常见的挖掘机按驱动方式有内燃机驱动挖掘机、电力驱动挖掘机和复合式驱动挖掘机。其中，（　　）主要应用在高原缺氧、地下矿井和一些易燃易爆的场所。

   A. 内燃机驱动挖掘机　　　　　　　　　B. 电力驱动挖掘机

   C. 正铲挖掘机　　　　　　　　　　　　D. 反铲挖掘机

4. 轮胎式挖掘机和履带式挖掘机是按照（　　）分类的。

   A. 作业方式　　　　　　　　　　　　　B. 传动方式

   C. 行走方式　　　　　　　　　　　　　D. 工作装置

5. 回转速度是指挖掘机空载时，稳定回转所能达到的（　　）速度。

   A. 最小　　　　　　　　　　　　　　　B. 最小平均

   C. 最大　　　　　　　　　　　　　　　D. 最大平均

三、判断题

1. 挖掘机是经济投入大的固定资产，为提高其使用年限以获得更高的经济效益，必须做到定人、定机、定岗位，明确职责。必须调岗时，应进行设备交底。（　　）

2. 挖掘机进入施工现场后，驾驶员无须观察工作面地质及四周环境，可直接作业。（　　）

3. 保养是为了减少机器的故障，延长机器使用寿命，缩短机器的停机时间，提高工作效率，降低作业成本。（　　）

4. 挖掘机操作属于特种作业，需要特种作业操作证才能上岗。（　　）

5. 一般建设使用曲边铲斗。（　　）

四、简答题

简述润滑油的作用及润滑操作的"五定"。

学习任务四　自动化生产线

学习目标

1. 熟悉自动化生产线的定义、分类及技术特点。
2. 了解自动化生产线的发展趋势及应用。
3. 掌握典型自动化生产线的组成及各单元的功能。
4. 熟悉自动化生产线的维修和保养。

相关知识

一、自动化生产线概述

1. 自动化生产线的概念

自动化生产线是在流水线和自动化专机的基础上逐渐发展形成的能自动工作的机电一体化装置系统。它按照特定的生产流程，将各种自动化专机连接成一体，并通过气动装置、液压装置、电动机、传感器和电气控制系统使各部分的动作联系起来，使整个系统按照规定的程序自动地工作，连续、稳定地生产出符合技术要求的产品，如图 2-81 所示。

图 2-81　自动化生产线

2. 自动化生产的前提条件

1）较高的产品需求量。自动化生产要求有很高的生产量。

2）稳定的产品设计。自动化生产线很难应对设计的频繁变更。

3）较长的产品寿命。在大多数情况下，产品寿命至少是几年。

4）多种加工工艺。产品制造过程中需要使用多种加工工艺。

3. 自动化生产线的特点

1）产品或零件在各工位的工艺操作和辅助工作以及工位间的输送等均能自动进行，具有较高的自动化程度。

2）自动化生产线具有固定的节拍，生产节奏性更为严格，产品或零件在各加工位置的停留时间相等或成倍数，而且生产对象通常是固定不变的，或在较小范围内变化。改变生产对象时要花费大量时间进行设备的人工调整。

3）随着控制技术的不断发展，自动化生产线的柔性越来越大，可适应多品种、中大批量生产的需求。

4）全线具有统一的控制系统，普遍采用机电一体化技术。

5）自动化生产线初始投资较多。

4. 自动化生产线的基本组成

自动化生产线由基本工艺设备及各种辅助装置、控制系统和传输系统组成。根据产品或零件的具体情况、工艺要求、工艺过程、生产率要求和自动化程度等因素的不同，自动化生产线的结构及复杂程度往往有很大差别，但一般都由几个基本部分组成，如图2-82所示。

对于具体的自动化生产线，其组成并非完全相同，按照结构特点，可分为通用设备自动化生产线、专用设备自动化生产线、无储料装置自动化生产线和有储料装置自动化生产线等。

5. 自动化生产线的类型

自动化生产线的类型多种多样，可按不同的特征进行分类。根据工作性质的不同可以分为切削加工自动化生产线、装配自动化生产线及综合性自动化生产线（即具有不同性质的工序，如机械加工、装配检验、热处理、防锈包装等）；根据工件输送方式的不同可分为料槽输送自动化生产线、机械手输送自动化生产线、传送带输送自动化生产线及带随行夹具的自动化生产线等；根据生产批量的大小又可分为大批大量生产的专用自动化生产线和多品种成批生产的可变自动化生产线。按生产线所用加工装备和生产节拍特性对机械加工自动化生产线做如下分类。

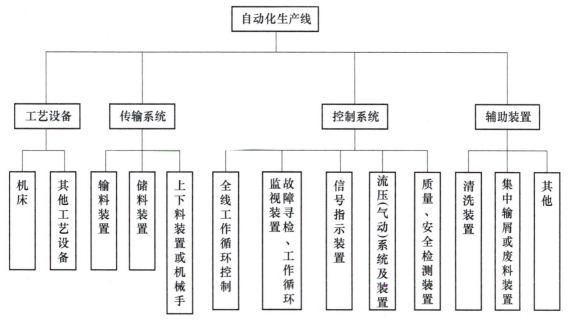

图 2-82 自动化生产线的基本组成

（1）按所用加工装备类型分类

1）通用机床自动化生产线。这类自动化生产线多数是在流水线的基础上利用现有的通用机床进行自动化改装后连接而成的，有时也根据需要配置少量专用机床。这类自动化生产线建线周期短、成本低，多用于加工盘类、环类、轴、套等中小尺寸的旋转类工件。

2）专用机床自动化生产线。这类自动化生产线以专用自动机床为主要加工装备，因而设计、制造周期长，投资较大，专用性强，产品改变后使用的灵活性小，但生产率高、产品质量稳定，适用于大批量生产。此类自动化生产线建线前必须进行充分的市场预测和分析，不能盲目建线。

3）组合机床自动化生产线。组合机床不仅具有专用机床的结构简单、生产率和自动化程度高的特点，而且由于大部分部件通用，还具有设计、制造周期短及成本低等优点。以这种通用化程度高的组合机床为主要装备，加上工件输送、转位和排屑等辅助装置所组成的自动化生产线称为组合机床自动化生产线。此类自动化生产线主要适用于箱体和复杂工件的大批量生产。其应用比专用机床自动化生产线更为普遍。

4）柔性制造自动化生产线。"柔性"是指生产组织形式和自动化制造设备对加工任务的适应性。前述三类机械加工自动化生产线主要适用于单一品种（或少量品种）的大批量生产，难以满足产品向多品种、中大批量生产方向发展的需求。为了解决这一矛盾，便出现了以数控机床或由数控操作的组合机床为主要加工装备的自动化生产线，它具有一定的柔性。实现柔性化的关键是其基本组成设备——加工单元的柔性。柔性制造自动化生产线一般由自动化加工设备、托板（工件）输送系统和控制系统组成。

（2）按自动化生产线生产节拍特性分类

自动化生产线完成一个工作循环所需要的时间称为自动化生产线的生产节拍。自动化生产线按其生产节拍特性可分为固定节拍和非固定节拍两种形式。

1）固定节拍自动化生产线。固定节拍是指自动化生产线中所有单元设备的工作节拍等于或成倍于自动化生产线的生产节拍。在这类自动化生产线上，工序间没有储料装置，机床将工件按照工艺顺序依次排列，工件由输送装置严格地按自动化生产线的生产节拍强制性地沿固定路线从一个工位输送到下一个工位，直到加工完毕。

2）非固定节拍自动化生产线。非固定节拍自动化生产线是指自动化生产线中各设备的工作节拍不同，各设备的工作周期是其完成各自工序所需要的实际时间。

6. 自动化生产线的总体布局形式

自动化生产线的总体布局是指组成自动化生产线的机床、辅助装备以及连接这些装备的工件传送装备的布置形式和连接方式。自动化生产线的总体布局形式由生产类型、工件结构型式、工件传送方式、车间条件、工艺过程和生产纲领等因素决定，主要有以下三类总体布局形式。

（1）直接传送方式的自动化生产线

按照行进路线的不同，有以下三种类型。

1）直线通过式自动化生产线，如图2-83所示。

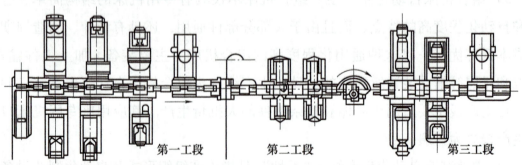

图2-83　直线通过式自动化生产线

2) 折线通过式自动化生产线，如图 2-84 所示。

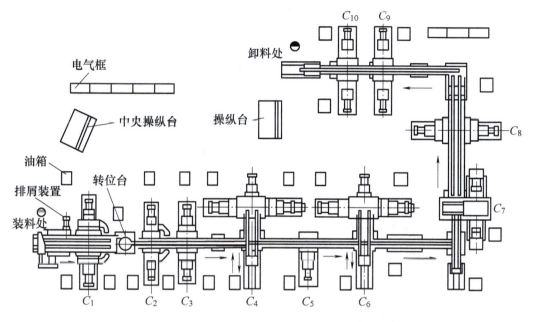

图 2-84　折线通过式自动化生产线

3) 非通过式自动化生产线，如图 2-85 所示。

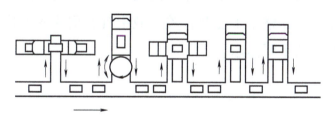

图 2-85　非通过式自动化生产线

（2）带随行夹具方式的自动化生产线

这种自动化生产线将工件安装在传送线的随行夹具上，传送线将工件传送到各工位，如图 2-86 所示。其返回方式有水平返回、上方返回和下方返回。

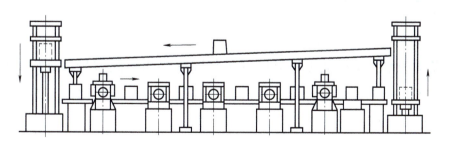

图 2-86　带随行夹具方式自动化生产线

(3) 悬挂传送方式的自动化生产线

这种自动化生产线主要适用于外形复杂及没有合适传送基准的工件及轴类零件。如图 2-87 所示。

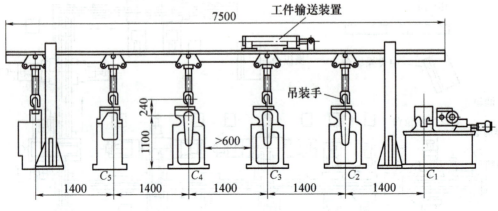

图 2-87　悬挂传送方式的自动化生产线

7. 自动化生产线的应用

自动化生产线是现代工业的生命线，机械制造、电子信息、石油化工、轻工、纺织、食品、制药、汽车生产及军工等现代化工业的发展都离不开自动化生产线的主导和支撑作用，其在整个工业及相关领域中有着重要的地位和作用，是一个国家现代化制造水平的重要标志。

什么是自动化生产线？你所见过的自动化生产线按照生产节拍来分属于哪种类型？

二、自动化生产线的设备选型

1. 设备选型的基本原则

所谓设备选型，是指从多种可以满足相同需要的不同型号、规格的设备中经过技术、经济指标的分析、评价和比较，选择最佳方案以做出购买决策。合理选择设备，可使有限的资金发挥最大的经济效益。

设备选型应遵循的原则如下：

1) 生产上适用——所选购的设备应与本企业扩大生产规模或开发新产品等

需求相适应。

2）技术上先进——在满足生产需要的前提下，要求其性能指标保持先进水平，以利提高产品质量和延长其技术寿命。

3）经济上合理——要求设备价格合理，在使用过程中能耗、维护费用低，并且回收期较短。

设备选型首先应考虑的是生产上适用，只有生产上适用的设备才能发挥其投资效果；其次是技术上先进，技术上先进必须以生产适用为前提，以获得最大经济效益为目的；最后，把生产上适用、技术上先进与经济上合理统一起来。一般情况下，技术上先进与经济上合理是统一的，但有时两者也是矛盾的。因为技术上先进的设备虽然具有高的生产率，而且生产的产品也是高质量的，但可能能源消耗量很大，或者设备的零部件磨损很快，所以，根据总的经济效益来衡量就不一定适宜。有些设备技术上很先进，自动化程度很高，适合于大批量连续生产，但在生产批量不大的情况下使用，往往负荷不足，不能充分发挥设备的能力，而且这类设备通常价格昂贵，维护费用高，从总的经济效益来看是不合算的，因而也是不可取的。

2. 设备选型应考虑的主要问题

（1）设备的主要参数选择因素

1）生产率。设备的生产率一般用设备单位时间（分、时、班、年）的产品产量来表示。例如，锅炉以每小时蒸发蒸汽吨数来表示；空气压缩机以每小时输出压缩空气的体积来表示；制冷设备以每小时的制冷量来表示；发动机以功率来表示；流水线以生产节拍（先后两产品之间的生产间隔期）来表示；水泵以扬程和流量来表示。但有些设备无法直接估计产量，则可用主要参数来衡量，如车床的中心高、主轴转速，压力机的最大压力等。

设备生产率要与企业的经营方针、工厂规划、生产计划、运输能力、技术力量、劳动力、动力和原材料供应等相适应，不能盲目要求生产率越高越好，否则将出现生产不平衡，服务供应工作跟不上的情况，设备不仅不能发挥全部效果，反而会造成损失。这是因为生产率高的设备，自动化程度较高、投资多、能耗大、维护复杂，若不能达到设计产量，单位产品的平均成本就会增高。

2）工艺性。设备要符合产品工艺的技术要求，把设备满足生产工艺要求的能力称为工艺性。例如，金属切削机床应能保证所加工零件的尺寸精度、几何形状精度和表面质量；需要坐标镗床的场合很难用铣床代替；加热设备要满足产品工艺的最高和最低温度要求、温度均匀性和温度控制精度等。

除上面基本要求外，设备操作控制的要求也很重要。一般要求设备操作轻便，控制灵活。产量大的设备自动化程度应高，进行有害有毒作业的设备则要求能自动控制或远距离监控等。

(2) 设备的可靠性和维修性因素

1) 设备的可靠性。可靠性是保持和提高设备生产率的前提条件。企业投资购置设备时都希望设备能无故障地工作，以达到预期的目的。

可靠性在很大程度上取决于设备的设计与制造质量。因此，在进行设备选型时必须考虑设备的设计与制造质量。

选择设备时，要求其主要零部件平均故障间隔期越长越好，具体的可以从设备设计选择的安全系数、冗余性设计、环境设计、元器件稳定性设计、安全性设计和人机因素等方面进行分析。随着产品的不断更新，企业对设备的可靠性要求也不断提高。设备的设计制造商应提供产品设计的可靠性指标，方便用户选择设备。

2) 设备的维修性。企业希望投资购置的设备一旦发生故障后能方便地进行维修，即设备的维修性要好。选择设备时，对设备的维修性可从以下方面衡量。

① 设备的技术图样、资料齐全，便于维修人员了解设备结构，便于拆装、检查。

② 结构设计合理。设备结构的总体布局应符合可达性原则，各零部件和结构应易于接近，便于检查与维修。

③ 结构的简单性。在符合使用要求的前提下，设备的结构应力求简单，需维修的零部件数量越少越好，拆卸较容易，并能迅速更换易损件。

④ 标准化、组合化原则。设备尽可能采用标准零部件和元器件，易于被拆成几个独立的部件、装置和组件，并且不需要特殊手段即可装配成整机。

⑤ 结构先进。设备尽量采用自动调整、磨损自动补偿和预防措施自动化原理来设计。

⑥ 状态监测与故障诊断能力。可以利用设备上的仪器、仪表、传感器和配套仪器来监测设备有关部位的温度、压力、电压、电流、振动频率、消耗功率、效率，自动检测成品及设备输出参数动态等，以判断设备的技术状态和故障部位。越来越多的高效、精密、复杂设备中已具有故障诊断能力。故障诊断能力将成为设备设计的重要内容之一，检测和诊断软件也成为设备必不可少的一部分。

⑦ 提供特殊工具和仪器、适量的备件或有方便的供应渠道。

（3）设备的安全性和操作性因素

1）设备的安全性。安全性是设备对生产安全的保障性能，即设备应具有必要的安全防护设计与装置，以避免带来人、机事故和经济损失。在设备选型中，若遇到新投入使用的安全防护性零部件，必须要求其提供试验和使用情况报告等资料。

2）设备的操作性。设备的操作性属于人机工程学范畴的内容，总的要求是方便、可靠、安全，符合人机工程学原理，通常要考虑的主要事项如下：

① 操作机构及其所设位置应符合劳动保护法规要求，适合一般体形的操作者。

② 充分考虑操作者的生理限度，不能使其在法定的操作时间内承受超过体能限度的操作力、活动节奏、动作速度、耐久力等。例如，操作手柄和操作轮的位置及操作力必须合理，脚踏板控制部位和节拍及其操作力必须符合劳动保护法规定。

③ 设备及其操作室的设计必须符合有利于减轻劳动者精神疲劳的要求。例如，设备及其操作室内的噪声必须小于规定值；设备控制信号、油漆色调、危险警示等必须尽可能地符合绝大多数操作者的生理与心理要求。

（4）设备的环保性与节能性因素

1）设备的环保性。工业、交通运输业和建筑业等行业中，设备的环保性通常是指其噪声、振动频率和有害物质排放等对周围环境的影响程度。在设备选型时，必须要求其噪声、振动频率和有害物质排放等控制在国家和地区标准的规定范围内。

2）设备的节能性。设备的能源消耗是指其一次能源或二次能源消耗，通常是以设备单位开动时间的能源消耗量来表示，在化工、冶金和交通运输行业，也有以单位产量的能源消耗量来评价设备的能耗情况。在设备选型时，无论哪种类型的企业，其所选购的设备必须符合《中华人民共和国节约能源法》中的各项规定。

（5）设备的成套性因素

1）单机配套指随单机工作的专用工具、附件、零部件、备品配件等要配套。

2）机组配套指生产线上主要工艺装置、辅助工艺装置、控制装置之间要配套。

3）项目配套指生产线所需设备的工艺、人员、原材料输送等的配套。

（6）设备的灵活性因素

自动化生产线设备的灵活性指设备的适应性能和通用性能。即设备能适应不同的工作环境条件；适应生产能力的波动变化；适应不同规格产品的生产工艺要求。

（7）设备的经济性因素

设备经济性的定义范围很宽，各企业可视自身的特点和需要从中选择影响设备经济性的主要因素进行分析论证。设备选型时要考虑的经济性影响因素主要有：①初期投资；②对产品的适应性；③生产率；④耐久性；⑤能源与原材料消耗；⑥维护修理费用。

设备的初期投资主要指购置费、运输与保险费、安装费、辅助设施费、培训费、关税费等。在选购设备时，不能简单追求价格便宜而降低其他影响因素的评价标准，尤其要充分考虑停机损失、维修、备件和能源消耗等各项费用，以及各项管理费。总之，应以设备寿命周期费用为依据衡量设备的经济性，在寿命周期费用合理的基础上追求设备投资的经济效益最大化。

自动化生产线选型遵循的基本原则存在顺序性吗？如何遵循基本原则？

三、典型自动化生产线的结构、功能、运行方式及维护保养

1. 典型自动化生产线的结构和功能

典型的模块化自动化生产线组成如图2-88所示。

典型自动化生产线的主要特性：

1）采用开放式模块结构（结构固定）。

2）每一工作单元的执行功能、各个工作单元之间的运行配合关系，以及整个自动化生产线的运行流程和运行模式，都可以模拟实际生产现场状况进行灵活配置。

3）每个工作单元都具有自动化专机的基本功能。学习掌握每一工作单元的基本功能，将为进一步学习整条自动化生产线的联网通信控制技术和整机配合运

项目二　典型产业类机电设备

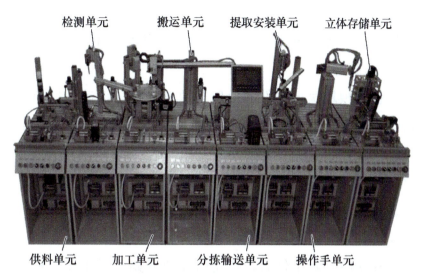

图 2-88　典型的模块化自动化生产线组成

行技术等打下良好的基础。

典型模块化自动化生产线由供料单元、检测单元、加工单元、搬运单元、分拣输送单元、提取安装单元、操作手单元及立体存储单元构成。

（1）供料单元的组成及功能

组成：送料模块、转运模块、报警装置、电气控制板、操作面板、I/O 转接端口模块、CP 阀岛、过滤减压阀等。

基本功能：将工件从送料模块的井式料仓中自动推出，借助转运模块的摆动气缸与真空吸盘的配合使用，将送料模块推出的工件自动转送到下一个工作单元。

（2）检测单元的组成及功能

组成：识别模块、升降模块、测量模块、滑槽模块、电气控制板、操作面板、I/O 转接端口模块、CP 阀岛、过滤减压阀等。

基本功能：识别模块在接收到新的待处理工件后，对待处理工件进行颜色和材质的检测，并通过升降模块和测量模块完成工件高度的测量，根据检测与测量结果，滑槽模块完成向下一工作单元传送或直接剔除工件。

（3）加工单元的组成及功能

组成：旋转工作台模块、钻孔模块、钻孔检测模块、电气控制板、操作面板、I/O 转接端口模块、CP 阀岛、过滤减压阀等。

基本功能：旋转工作台接收到新工件后，旋转工作台模块启动工作，分步实现其上待加工工件的模拟钻孔加工，并对加工质量进行模拟检测等。

119

(4) 搬运单元的组成及功能

组成：提取模块、滑动模块、电气控制板、操作面板、I/O 转接端口模块、CP 阀岛、过滤减压阀等。

基本功能：提取模块执行工件的拾取与放置动作，滑动模块执行拾取后工件的水平移动搬运任务，自动地实现将工件从上一工作单元拾取搬运到下一工作单元的功能。

(5) 分拣输送单元的组成及功能

组成：传送带模块、位置检测模块、滑槽模块、推料模块、电气控制板、操作面板、I/O 转接端口模块、CP 阀岛、过滤减压阀等。

基本功能：在接收到新工件后，传送带模块开始传送工作，根据上一工作单元的工件信息，在位置检测模块和推料模块的配合下，实现传送带模块上工件的自动分拣输送功能。

(6) 提取安装单元的组成及功能

组成：传送带模块、提取安装模块、滑槽模块、工件阻挡模块、电气控制板、操作面板、I/O 转接端口模块、CP 阀岛、过滤减压阀等。

基本功能：检测到有新工件到位信息之后，通过传送带模块将工件输送到阻挡模块位置，提取安装模块将滑槽上的小工件装配到传送带工件上，随后阻挡模块放行装配后的工件组，继续由传送带模块输送到指定位置。

(7) 操作手单元的组成及功能

组成：提取模块、转动模块、电气控制板、操作面板、I/O 转接端口模块、CP 阀岛、过滤减压阀等。

基本功能：提取模块执行工件的拾取与放置动作，转动模块执行拾取后工件的水平转动搬运任务，自动地实现将工件从上一工作单元拾取搬运到下一工作单元的功能。

(8) 立体存储单元的组成及功能

组成：步进驱动模块、丝杠驱动模块、工件推出装置、立体仓库、电气控制板、操作面板、I/O 转接端口模块、CP 阀岛、过滤减压阀等。

基本功能：接收到新工件后，在步进驱动模块的驱动下带动 X、Y 两丝杠运动，依据接收到的工件的材质、颜色等信息，自动运送至相应仓位口，并将工件推入立体仓库，完成工件的存储功能。

2. 典型自动化生产线的工作、运行方式

（1）工作方式

1）典型自动化生产线由八个模块式工作单元组成。

2）每个工作单元的电气控制板上都配备一台 PLC，分别控制每一工作单元的执行功能。

3）各单元之间可采用网络通信方式进行通信。

4）自动化生产线中各单元可自成一个独立的系统运行，同时也可以通过网络互联构成一个分布式的整机控制系统运行。

（2）运行方式

当工作单元自成一个独立的系统运行时，独立系统运行的主令信号以及运行过程中的状态显示信号来源于该工作单元操作面板，各模块在自身 PLC 的控制下自动地完成本单元的执行功能。

当自动化生产线采用网络通信的方式互联成一个整机系统运行时，工作单元之间的各种信息通过网络进行数据通信与交换，各运行设备之间能自动协调地工作，实现了自动化生产线整机稳定有序地运行。

当自动化生产线配有触摸屏或组态软件等人机界面时，生产线中主令信号通过触摸屏或组态软件系统给出。同时，人机界面上也实时显示系统运行的各种状态信息。

3. 自动化生产线的维修与保养

自动化生产线节省了大量的时间和成本，在工业发达的城市，自动化生产线的维修成为热点。自动化生产线维修主要靠操作工与维修工共同完成。

（1）自动化生产线维修的两种方法

1）同步修理法。在生产中发现故障，尽量不修，采取维持的方法。使生产线继续工作，到节假日集中维修工和操作工对所有问题同时修理，使设备全线正常生产。

2）分部修理法。自动生产线如果有较大问题，修理时间较长，则不能采用同步修理法。这时可利用节假日集中维修工和操作工对某一部分进行修理，待到下个节假日对另一部分进行修理，保证自动化生产线在工作时间不停机。另外，在管理中尽量采用预修的方法。在设备中安装计时器，记录设备工作时间，应用磨损规律来预测易损件的磨损，提前更换易损件，可以把故障预先排除，保证生产线满负荷运行。

(2) 自动化生产线的保养

1) 电路、气路、油路及机械传动部位（如导轨等）班前班后要检查、清理。

2) 工作过程中要巡检，重点部位要抽检，发现异样要记录，小问题可在班前、班后处理（时间不长），若是大问题，则要做好配件准备。

3) 统一全线停机维修，做好易损件计划，提前更换易损件，防患于未然。

自动化生产线的维修可以取代自动化生产线的保养吗？请简述原因。

自动化生产线的发展趋势

随着科学技术的发展和社会需求的扩大，特别是高新技术的迅猛发展，自动化生产线技术不断进步。其发展趋势主要体现在以下几个方面。

(1) 自动化生产线向着特征参数化、变量化方向发展

从本质上看，自动化生产线设计的过程就是一个求解约束满足问题的过程，即由给定的功能、结构、材料及制造等方面的约束描述，经过反复迭代、不断修改设计参数，从而求得满足设计要求的求解过程。也就是说，设计中的很大一部分工作是不断地修改参数以满足或优化约束要求。在设计过程中，参数化、变量化生产线系统能够简单地通过尺寸驱动，参数、变量表的修改来驱动设计结果按要求变化，为设计者提供设计模型的快速、直观、准确反馈，同时能随时对设计对象加以更改，减少设计中的错误及问题。

另外，在自动化生产线特征的参数化、变量化设计中，工程技术人员的设计是功能结构特征、加工特征的设计，而不需花太多的精力去关注几何形体的构造过程。这样的设计过程更符合工程技术人员的设计习惯。

特征参数化、变量化设计能够极大地提高机械设计效率，是自动化生产线技术发展的目标之一。在一些先进的自动化生产线系统中，设计过程中所涉及的所有参数（包括几何参数和非几何参数）都可以当作变量，通过建立参数、变量间相互的约束和关系式，增加程序逻辑，驱动设计结果。这些变

量间的关系可以跨越自动化生产线系统的不同模块,从而实现设计数据的全相关。特征参数化、变量化是实现机械设计自动化的前提和基础,是目前自动化生产线发展的主流方向。

(2) 自动化生产线向着智能化方向发展

人工智能(Artifical Intelligence,AI)技术是使用计算机模拟人的某些思维过程和智能行为(如学习、推理、思考、规划、决策等)的一门新的科学技术。人工智能是计算机科学的一个分支,它企图了解智能的实质,并生产出一种新的能以与人类智能相似的方式做出反应的智能机器。将人工智能技术引入自动化生产线技术中,可使自动化生产线系统具有专家的知识、经验和推理决策能力,能够自主学习并获取新的知识,并使其具有智能化的触觉、视觉、听觉、语言处理能力,能够模拟工程领域的专家进行推理、联想、判断和决策,从而达到设计、制造自动化的目的。智能化能帮助工程技术人员摆脱大量烦琐的重复性劳动,使设计、制造过程更快捷、更简便、更安全,使自动化生产线系统更实用、更高效。

(3) 自动化生产线向着集成化方向发展

在企业生产过程中,产品设计、生产准备、加工制造、生产管理和售后服务各个环节是不可分割的,必须作为一个整体统一考虑。集成化就是向企业提供生产各个环节的一体化解决方案。自动化生产线等技术在企业中得到推广和应用,给企业带来了明显的实效。但由于这些自动化系统大都是独立系统,其产品的表示方法和数据结构有很大的差异,各系统之间的信息难以传递和相互转换,信息资源不能共享,常常需要人工转换,严重制约了系统总体性能的有效发挥,降低了系统的可靠性。

集成化自动化生产线系统以产品的统一数字化模型为基础,统一产品的表达,统一内部数据结构,统一操作界面和软硬件环境,将设计、分析、生产准备、加工制造、管理服务等各个环节有机地联系在一起,最大限度地实现信息资源共享,从而提高信息数据的一致性和可靠性。自动化生产线系统的集成化已是大势所趋,是实现计算机集成制造系统(CIMS)的基础。

(4) 自动化生产线向着网络化方向发展

通信技术和网络技术的飞速发展给各独立自动化单元的联网通信、实现资源共享提供了可靠保障。现代机械产品的生产是一个系统工程，需要由多个企业、多个部门和大量工程技术人员跨时间、跨地域并行作业，资源共享，协同工作，共同完成。基于网络化的分布式自动化生产线系统非常适合于这种协同工作方式。随着自动化生产线系统的集成和网络化技术的日趋成熟，自动化生产线技术可以实现资源的优化配置，极大地提高了企业的快速响应能力和市场竞争力，"全球化制造"等先进制造模式由此应运而生。

（5）自动化生产线向着标准化方向发展

标准化是指在经济、技术、科学和管理等社会实践中，对重复性的事物和概念，通过制定、发布和实施标准达到统一，以获得最佳秩序和社会效益。自动化生产线技术的标准化可以设计统一原理、统一数据格式、统一数据接口，简化开发和应用工作，为信息集成创造条件。随着自动化生产线系统的集成和网络化，制定自动化生产线的各种设计开发、评测和数据交换标准势在必行。

基础训练

一、填空题

1. 自动化生产线是在流水线和自动化专机的功能基础上逐渐发展形成的能自动工作的_____装置系统。
2. 自动化生产线按其生产节拍特性可分为_____和_____两种形式。
3. 自动化生产线设备选型的基本原则是_____、_____、_____。
4. 自动化生产线的总体布局形式有_____、_____、_____。

二、选择题

1. 柔性制造自动线的简称是（　　）。
   A. FML　　　　　B. UAV　　　　　C. UVA　　　　　D. SUV
2. 自动化生产条件是（　　）。
   A. 很高的产品需求量　　　　　　B. 固定节拍
   C. 单工序　　　　　　　　　　　D. 产品工艺性好
3. 自动化生产线的发展趋势是（　　）。

A. 向着特征参数化、变量化方向发展

B. 向着智能化方向发展

C. 向着集成化方向发展

D. 向着网络化方向发展

三、判断题

1. 生产流水线就是自动化生产线。（   ）

2. 自动化生产线要求生产的产品设计稳定。（   ）

3. 典型自动化生产线采用开放式模块结构。（   ）

项目三　典型民生类机电设备

民生类机电设备和我们的日常生活息息相关，它指的是用于人民生活领域的各种电子、机械产品。我们每天的衣食住行都离不开它们，微波炉、洗衣机、电饭锅、家用的汽车、DVD、空调、电梯等都属于民生类机电设备。

下面就分别介绍一下洗衣机、电梯和无人机等几种典型的民生类机电设备。

学习任务一　洗　衣　机

学习目标

1. 了解洗衣机的发展。
2. 掌握洗衣机的型号、分类及结构。
3. 熟悉洗衣机的日常维护保养常识。

相关知识

洗衣机是利用电能产生机械运动来洗涤衣物的清洁电器，按其额定洗涤容量分为家用和集体用两类。

家用洗衣机主要由箱体、洗涤脱水桶（有的洗涤和脱水桶分开）、传动和控制系统等组成，有的还装有加热装置。洗衣机一般使用水作为主要的清洗液体，有别于使用特制清洁溶液及通常由专人负责的干洗。

一、洗衣机的发展、型号及分类

1. 洗衣机的发展史

洗衣机的产生最早源于航海，水手长期在海上航行，为了洗衣服省力，就把衣服塞进一个布包，用绳子拴住，一头系船上，一头扔进海里，航行过程中通过海水的拍打和搅动就把衣服洗干净了。受这个启发，1677 年有人发明了一种洗衣工具，用木制的轮子和圆桶通过挤压水流来洗衣，算是洗衣机的雏形。如果从这时候算起，洗衣机已有 340 多年的发展历史。那时的雏形应该类似图 3-1 所示的双缸木制全人工洗衣桶。

1858 年，一个叫汉密尔顿·史密斯的美国人制作出了世界上第一台洗衣机械装置，桶内一根带有桨状叶片的直轴连接了桶外的一根曲柄，通过手摇曲柄带动桶内的直轴转动达到洗衣效果。但是这种装置使用很费劲而且损伤衣物，并没有应用于市场，因为申请了专利，也算是真正意义上的第一台手摇洗衣机，如图 3-2 所示。

图 3-1　双缸木制全人工洗衣桶

图 3-2　第一台手摇洗衣机

1874 年，美国人比尔·布莱克斯发明了真正省力的木桶手摇洗衣机，如图 3-3 所示，虽然仍是手摇，但是通过机械辅助后，很大程度上实现了省力，使洗衣服的过程变得很舒适。这个装置极大地推动了洗衣机技术的发展。

后来随着蒸汽机的发明，还出现了蒸汽动力洗衣机、水力洗衣机和内燃机洗衣机。1880~1890 年间，各种不同形式的不需要人力的洗衣机相继出现，但都没有大规模投入使用。直到 1910 年，世界上第一台电动洗衣机（图 3-4）的发明，才让洗衣机具备了走入家庭的条件。

这时的洗衣机都是拖动式的，即利用洗衣机桶的转动带动水流达到洗涤衣服的目的，所以洗衣机都是带支架的。1922 年，美国人霍华德对洗衣机进行了改进，把拖动式改为搅拌式，即在桶中通过一根带叶片的主轴将衣服和水进行搅拌以达到清洁的目的，有点像现在的搅拌机。后来在搅拌式洗衣机的基础上再次进行了改进，1928 年诞生了第一台理论意义上的波轮洗衣机，已初具现代洗衣机雏形，如图 3-5 所示。

图 3-3　木桶手摇洗衣机

图 3-4　第一台电动洗衣机

随后，1951 年诞生了世界上第一台双缸半自动洗衣机，如图 3-6 所示，这种洗衣机的两个桶基本是分离的。

图 3-5　第一台理论意义上的波轮洗衣机

图 3-6　第一台双缸半自动洗衣机

图 3-7 所示是亚洲最早的电动波轮洗衣机，直到 1955 年，日本才把电动波轮洗衣机定型并沿用至今。

20 世纪 70 年代，我国开始生产家用洗衣机，洗衣机开始进入我国普通百姓家庭。图 3-8 所示为当时我国的名牌产品——白菊牌洗衣机，只能清洗不能脱水。

后来出现了图 3-9 所示的双缸半自动洗衣机，一个桶用于洗衣服，一个桶用于脱水，需要人工把衣服从洗衣桶放到脱水桶。

项目三　典型民生类机电设备

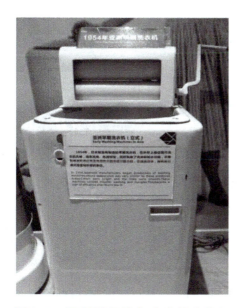

图 3-7　亚洲最早的电动波轮洗衣机

图 3-8　白菊牌洗衣机

接着出现了图 3-10 所示的全自动波轮洗衣机，清洗和脱水用一个桶实现，完全不用人力。

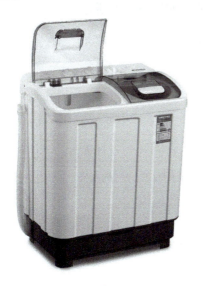

图 3-9　双缸半自动洗衣机

图 3-10　全自动波轮洗衣机

全自动滚筒洗衣机（图 3-11）问世后，不仅能清洗和脱水，还能烘干，并且省水。

2. 洗衣机的型号及分类

（1）洗衣机的型号

按国家标准 GB/T 4288—2018《家用和类似用途电动洗衣机》的规定，洗衣机的型号由 6 位数字组成：1234-56。

第一位用汉语拼音表示洗衣机或脱水机：X 表示洗衣机；T 表示脱水机。

第二位表示自动化程度：P 表示普通型；B 表示半自动型；Q 表示全自动型。

第三位表示洗涤方式：G 表示滚筒式；B 表示波轮式；J 表示搅拌式；S 表示双驱动洗衣机。

第四位表示洗衣机的规格，洗衣机以洗涤桶额定容积（L）的整数部分表示，脱水机以其额定脱水容量（kg）的数值乘以 10 表示。

第五位用阿拉伯数字或字母表示工厂设计序号。

图 3-11　全自动滚筒洗衣机

第六位用汉语拼音字母表示洗衣机结构型号：S 为双桶；单桶不加注；W 为微型；D 表示多桶。

例如，一款 5kg 全自动滚筒洗衣机的型号如图 3-12 所示。

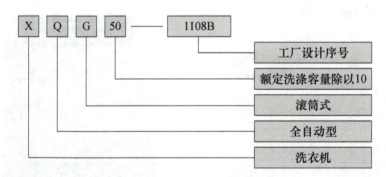

图 3-12　滚筒洗衣机的型号

一款 6.8kg 全自动波轮洗衣机型号如图 3-13 所示。

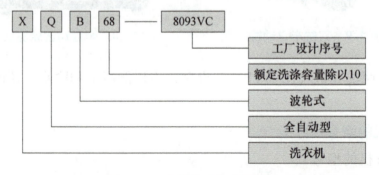

图 3-13　波轮洗衣机的型号

（2）洗衣机的分类及应用

按照不同的分类方式，洗衣机可分为不同的类型，见表3-1。

表3-1 洗衣机的分类

分类方式	洗衣机类型
按洗涤方式的不同分类	波轮式洗衣机、滚筒式洗衣机、搅拌式洗衣机
按结构型式的不同分类	单桶洗衣机、双桶洗衣机、套筒洗衣机
按自动化程度的不同分类	普通洗衣机、半自动洗衣机、全自动洗衣机

下面具体说明全自动洗衣机中波轮式洗衣机（图3-14）、滚筒式洗衣机（图3-15）和搅拌式洗衣机（图3-16）的工作特点及应用。

图3-14 波轮式洗衣机

图3-15 滚筒式洗衣机

波轮式洗衣机分为双缸波轮和全自动波轮两种型式，通过底部波轮的快速转动产生强劲水流，以水流为动力使衣物、水流、波轮及筒壁之间相互摩擦而达到去污的目的，洗净度高，噪声较小。

滚筒洗衣机的洗涤原理是通过内筒沿顺时针和逆时针方向转动，由滚筒内的提升筋带动衣物提起、落下，使洗涤剂渗透到衣物内部，并通过挤压、拍打式运动和上方喷淋水流来洗净衣物。

搅拌式洗衣机的洗衣桶中央设有搅拌棒，沿顺时针和逆时针方向转动，带动水流清洗衣物。搅拌式洗衣机一般都是全自动机种，洗衣和脱水程序能

图3-16 搅拌式洗衣机

在同一个机桶内自动进行。由于涉及水流运动，洗衣桶内的水位需要比衣物高。

不同类型的洗衣机在很多方面存在差异，各自具有不同的优缺点，具体见表3-2。

表3-2　不同类型洗衣机优缺点对比

全自动洗衣机分类	优　　点	缺　　点
波轮式	洗涤力大，洗涤时间短，省电，洗净率高，洗涤过程中可以随时添加衣物	耗水量大，磨损率高，易缠绕，可洗织物种类不多
滚筒式	耗水量小，衣物磨损小，可洗织物种类多，可加热洗，外形美观，占用空间小	洗涤力小，洗净度低，洗涤时间长，自重大、难移动，多数滚筒洗衣机都无法中途添加衣物
搅拌式	洁净力强，洗涤力适中，洗涤时间短	耗水量适中，磨损率适中，体积大，可洗织物种类不多，衣物缠绕严重，损坏率较大，噪声大

想一想

你家使用的洗衣机是什么类型？你都知道哪些洗衣机品牌？

二、洗衣机的结构及工作原理

1. 波轮式洗衣机

全自动波轮式洗衣机根据功能的不同，其内部结构可能存在一定的差异，但基本的组成是一样的，主要由支承系统、洗脱系统、传动系统、电气控制系统，进排水系统五大部分组成。波轮式洗衣机的具体结构如图3-17所示，箱体及底座结构如图3-18所示，围框及上盖组件结构如图3-19所示，外桶组件结构如图3-20所示，内桶组件结构如图3-21所示。

洗衣机工作原理

波轮式洗衣机的洗涤原理如下：当波轮在电动机带动下做正反方向旋转时，洗涤液在洗衣桶内受到水平方向和垂直方向的两个作用力，由于洗涤液与衣物之间、桶壁与衣物之间存在摩擦力，两个力的作用方向与大小均不断变化，从而产生水平和垂直运动着的两个涡流，靠近波轮处的涡流较急，而靠近四周桶壁的涡流较平缓，它们的合成作用就形成了衣物在洗衣桶内的强烈翻滚，同时在衣物之间、衣物与桶壁之间产生了摩擦力与撞击力，这样反复的机械运动，便产生了类似手工洗衣时的手搓、棒打的洗涤效果，从而达到洗净的目的。

项目三　典型民生类机电设备

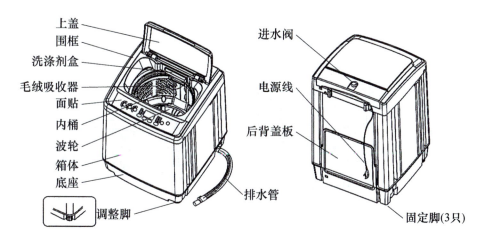

图 3-17　波轮式洗衣机结构图

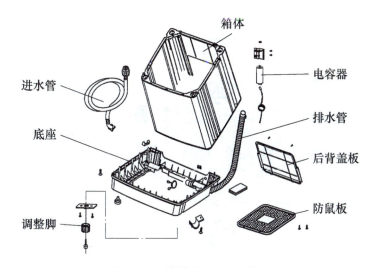

图 3-18　箱体及底座结构图

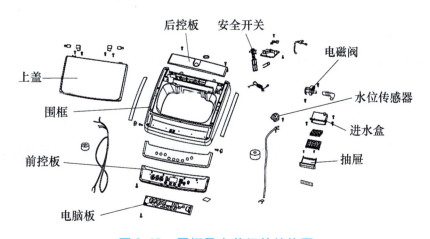

图 3-19　围框及上盖组件结构图

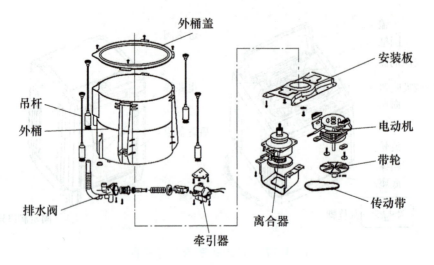

图 3-20　外桶组件结构图

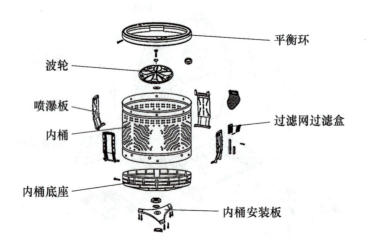

图 3-21　内桶组件结构图

2. 滚筒式洗衣机

滚筒式洗衣机主要由内外筒总成，包含电脑板在内的各种电器元件组合成的控制系统，以及经过数道处理的金属保护外壳等组成。滚筒式洗衣机外观结构如图 3-22 所示，箱体组件结构如图 3-23 所示，内外筒组件结构如图 3-24 所示，门体组件结构如图 3-25 所示，分配器盒组件结构如图 3-26 所示，控制面板及盖板组件结构如图 3-27 所示。

滚筒式洗衣机发源于欧洲，它是模仿棒槌击打衣物的原理设计的。它利用电动机使滚筒旋转，衣物在滚筒中不断地被提升、摔下，再提升再摔下，如此重复运动，再加上洗衣粉和水的共同作用将衣物洗涤干净。

项目三　典型民生类机电设备

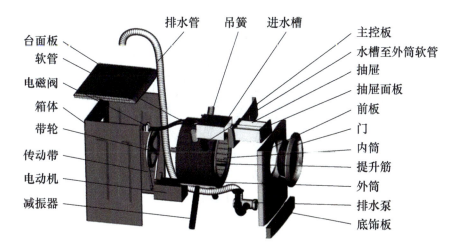

图 3-22　滚筒式洗衣机外观结构图

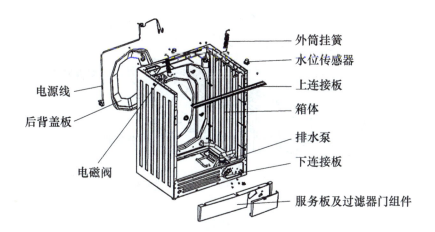

图 3-23　箱体组件结构图

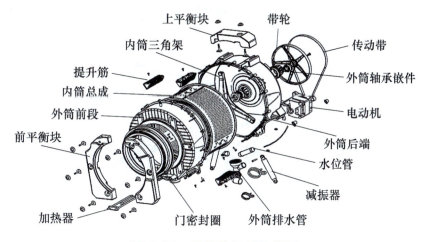

图 3-24　内外筒组件结构图

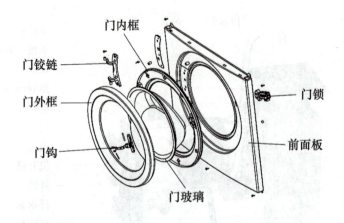

图 3-25　门体组件结构图

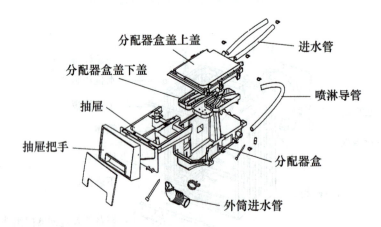

图 3-26　分配器盒组件结构图

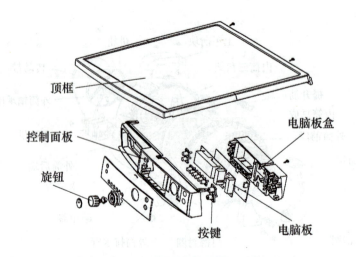

图 3-27　控制面板及盖板组件结构

如果想要购买一款适合中老年人使用的洗衣机,要求尽量省电,且洗得干净,应该选用滚筒式洗衣机还是波轮式洗衣机?

三、洗衣机的维护保养及常见故障诊断

1. 洗衣机的维护保养

(1) 洗衣机的保养润滑

为了使洗衣机长期正常运转,必须定期进行正确的润滑维护保养。需要润滑的地方主要是轴承和齿轮。轴承需由注油孔注入抗磨性和抗氧化安定性好的L-TSA22号防锈抗氧化润滑油,一般2~3年加注一次,若用一般机械油,则需每年加注一次。齿轮则应选用黏附性好的2号极压锂基润滑脂,或质量分数为1%的二烷基二硫代磷酸锌,或质量分数为3%的二硫化钼,L-CKC100号中等极压抗磨齿轮油进行润滑。甩干机的轴承和齿轮应每一年或每半年加抗氧化、防锈、抗磨性好的L-AN15和L-AN68号润滑油。采用密封滚动轴承的,则应由轴承厂封入使用寿命为1000h以上的聚脲基稠化精制石油润滑油,并加防锈抗氧化剂的2号润滑脂。

(2) 洗衣机的消毒

洗衣机内部的环境非常潮湿,闲置几天之后,就会滋生大量霉菌。使用时间越长,内部滋生霉菌的机会就越大。久而久之,对于要洗的衣物就会造成污染。如果长期使用有霉菌的洗衣机洗衣服,就有可能产生交叉感染,引发各种皮肤病。防止霉菌最简单有效的办法之一就是洗完衣服后不合上洗衣机盖。全自动洗衣机内真菌孢子的数量比半自动洗衣机更多。所以洗完衣服应及时排空洗衣机中的水,并敞开盖子。内衣最好手洗。

(3) 洗衣机的清洗

通常人们只知道洗衣机是用来洗衣的,但许多人不知道洗衣机也是需要清洗的。常见清洗方式有两种:一是请专业维修工人拆卸洗衣机槽进行清洗,这种方式成本较高,也比较麻烦;另一种是使用专业的高除菌率的洗衣机槽清洁剂进行清洗,去污除菌一步完成,操作简单有效。

还有一种更有效的方式是直接使用免清洗洗衣机,这类洗衣机能够防止污垢在内外桶壁上附着和沉积,可以保持内外桶壁的持久清洁。用户不需要专门费力、

花钱清洗洗衣机内外桶，就能达到洗衣机清洗的目的。

（4）洗衣机使用注意事项

1）加长排水管。若洗衣机的排水管太短，使用不便时，可直接购买加长管对原排水管进行加长。

2）螺钉防锈。暴露在洗衣机两侧及底部的螺钉容易生锈，维修时很难旋下。若在螺孔内加注几滴蜡烛油，使螺孔封住，可长期保持螺钉不锈，拆卸维修也很方便。

3）洗衣机安放。第一，洗衣机应放置在室内干燥、通风、地面平整处，不要置于露天、阳光暴晒及直射处；第二，不要将洗衣机靠近火炉、暖气或其他热源；第三，洗衣机的排水软管管口应低于地面20cm；第四，洗衣机经常在潮湿环境中使用，为避免漏电伤人，应接地线；第五，洗衣机放置时用木架垫高，以防锈蚀。

4）洗衣机使用前应先仔细阅读产品说明书。使用时，洗衣机应放在平坦踏实的地面上，且距离墙和其他物品必须保持5cm以上。

5）洗涤物应按材质、颜色、脏污程度分类、分批洗涤。

6）洗衣前，要先清除衣袋内的杂物，防止铁钉、硬币、发卡等硬物进入洗衣桶；有泥沙的衣物应清除泥沙后再放入洗衣桶；毛线等要放在纱袋内洗涤。

2. 洗衣机常见故障诊断

洗衣机作为一种家用电器，使用久了难免会出现一些故障。下面就分析一下家用洗衣机的常见故障和相应的维修处理方法，具体见表3-3。

表3-3　洗衣机常见故障诊断及维修

故障现象	诊断原因	检修方法和排除措施
洗衣机无法起动	1. 舱门未关严 2. 电源未接通 3. 选择了"预约"程序	1. 确认舱门关闭 2. 确认电源接通 3. 取消预约功能
通电后不进水	1. 自来水水压太低 2. 进水电磁阀金属过滤网被杂物堵塞 3. 进水电磁阀线圈烧毁 4. 水位开关触点接触不良 5. 程序控制器损坏	1. 检查水压，若自来水流量太小，只能待其正常后再使用 2. 检查过滤网，若有杂物堵塞，则清除 3. 用万用电表检测进水电磁阀线圈，若损坏则更换 4. 检查水位开关触点，若有问题则更换 5. 用万用电表测量进水电磁阀线圈两端有无电压，再查程序控制器输出端有无信号输出，若程序控制器无信号输出，则用替代法检查，若确定为程序控制器损坏则只能更换

（续）

故障现象	诊断原因	检修方法和排除措施
进水不止	1. 进水电磁阀损坏 2. 水位开关气压传感装置漏气 3. 水位开关动断触点烧结在一起	1. 拔下电源插头，若进水还是不停，说明进水电磁阀已损坏，应该更换 2. 检查水位开关内部有无漏气，若有，则更换；检查气室与压力软管的连接处是否可靠，若脱落，则重新固定 3. 检查确认后更换水位开关
不能排水	1. 机械故障：排水管路堵塞、排水阀阀芯拉簧脱落或断裂 2. 电气故障：电磁阀线圈烧毁、电磁阀吸合无力、电路连接不通及程序控制器损坏等	1. 洗衣机进入排水状态时，听有无排水电磁铁吸合声，若有，则一般为机械故障。这时只要重点检查排水阀，若有损坏则更换 2. 洗衣机进入排水状态时，听有无排水电磁阀吸合声，若无，则一般为电气故障。若电磁阀线圈烧毁，只能更换；通过测量排水电磁阀两端的电压可以判断电路是否存在断路现象，若有断路，可在断电后用万用电表逐点检测电路中的有关接点，找到断路点后进行相应处理；若为程序控制器损坏，则更换
通电后指示灯不亮，程序不能运行	1. 电路存在断路故障 2. 程序控制器损坏	1. 电源电压正常，则可以用测电压法来判断。若程序控制器电源输入端无电压，则断路点在电源至程序控制器之间，找到断路点后修理 2. 程序控制器电源输入端电压正常，则故障出在程序控制器，可用替代法检查，确认是程序控制器损坏的，只能更换
工作时程序紊乱	1. 离合器损坏 2. 程序控制器损坏	1. 若脱水时波轮转而脱水桶不转或洗涤时脱水桶跟转，都表明离合器损坏，可拆下离合器后进一步检查，若确认离合器损坏，则更换离合器 2. 检修或更换程序控制器
工作时程序突然停止	1. 使用过程中熔丝熔断 2. 程序控制器损坏	1. 检查电路中是否有短路现象，若在进水过程中停止，重点检查进水电磁阀；若在排水过程中停止，则重点检查排水电磁阀；电磁阀损坏的应更换。若都完好，则可能是电磁阀吸合时受阻引起过载电流。排除引起过载的原因后再更换熔丝 2. 更换程序控制器
按功能选择键无效	1. 电路中存在故障 2. 程序控制器损坏	1. 若按下按键后指示灯做出正确指示，但状态不变，表明键入电路和按键工作正常，应重点检查负载及程序控制器中的驱动电路。若发现损坏，则更换。若按下按键后指示灯和洗衣机状态都不变，则往往是由于按键或键入电路断路，应更换或做相应处理 2. 更换程序控制器

（续）

故障现象	诊断原因	检修方法和排除措施
不脱水，指示灯出现闪烁，并发出"嘟嘟"声	程序控制器中安全开关未接通，使程序控制器自动转入保护程序	检查安全开关接触是否正常，它与程序控制器的接插件有无松动或脱落，连接线有无断裂等，无法修复的应更换
波轮式洗衣机进水到位后不运转，无"嗡嗡"声	1. 电气线路不通 2. 电动机绕组断路	1. 检查电气线路的连接情况，做相应修理 2. 检查电动机绕组，若断路，则修理或更换电动机
波轮式洗衣机进水到位后不运转，有"嗡嗡"声	1. 传动带松脱或严重磨损 2. 电容器损坏 3. 波轮被卡住 4. 离合器损坏	1. 重新紧固或更换传动带 2. 检测确认后更换电容器 3. 清除异物 4. 检查离合器后对故障部位进行修理或更换
滚筒式洗衣机在洗涤时，洗涤剂的泡沫从洗涤剂盒中溢出	可能是使用了高泡洗涤剂或洗涤剂投放过多	建议使用高效低泡的洗涤剂

使用洗衣机要用三孔插座还是两孔插座？

延伸阅读

物联网洗衣机

所谓物联网洗衣机，就是采用射频自动识别技术，使洗衣机更加智能和人性化。从使用上看，物联网洗衣机能通过计算机、移动终端等实现洗衣机的远程控制，同时还能实时查询洗衣机的工作状态，通过控制系统返回洗衣机的相关信息。从技术上看，它是各类传感器和现有的互联网相互衔接的一种新技术，是对互联网技术的延伸。现在，物联网已开始不断地改变着我们的生活方式和消费习惯。

全球率先上市的物联网洗衣机是由无锡小天鹅股份有限公司（后简称"小天鹅"）于2009年在美国推出的。这款物联网智能洗衣机是小天鹅专门针对美国的智能电网设计的，将经过技术改造的洗衣机通过专门的智能控制系统与美国统一智能电网链接，实现洗衣机与智能电网之间的信息互馈。该款小天鹅物联网洗衣机于 2010 年 5 月 1 日进入世博会智能家电展区与全球用户见面。继小天鹅之后，海尔集团也于 2010 年 5 月 12 日推出了一款具有智能物联技术的洗衣机。

物联网洗衣机可判断智能电网的波峰、波谷状态，识别分时电价信息，智能调整洗衣机的运行状态，节约能耗，同时降低终端家电对智能电网的电磁辐射污染等，净化用电环境，有利于电网的供电安全和稳定。

某些物联网洗衣机还能自动识别洗涤剂品类、衣物材质、自来水水质及污垢，管理家庭水电费，进行网上购物等，特别设计的天气预报功能，还可以让用户预知何时适合洗衣。

另外，有些物联网洗衣机还具有产品运行信息短信提示功能，可将洗涤过程中的运行信息自动发送到指定手机上，让用户及时了解洗衣进程。此外，还有多种娱乐功能，使用户能够在洗衣的同时收听音乐、浏览图片、观看视频等。

相信在不远的将来，物联网洗衣机将走进每一个家庭。

基础训练

一、填空题

1. 洗衣机按照洗涤方式的不同可分为_____、_____和_____。
2. 洗衣机按其自动化程度的不同可分为_____、_____和_____。
3. 波轮式洗衣机分为_____和_____两种型式。
4. 波轮式洗衣机用字母_____表示，滚筒式洗衣机用字母_____表示。

二、选择题

1. 世界上第一台洗衣机械装置是（　　）研制出来的。
   A. 英国　　　　　　B. 美国　　　　　　C. 中国　　　　　　D. 德国
2. 洗衣机的型号由（　　）位数字组成。
   A. 3　　　　　　　B. 4　　　　　　　C. 5　　　　　　　D. 6
3. 洗衣机型号的第四位表示洗衣机的规格，以额定洗涤（或脱水）容量（kg）数值乘以（　　）表示。
   A. 1　　　　　　　B. 10　　　　　　　C. 100　　　　　　D. 1000

4.（　　）洗衣机洗涤力大，洗涤时间短，省电，洗净率高，洗涤过程中可以随时添加衣物。

A. 波轮式　　　　B. 滚筒式　　　　C. 搅拌式　　　　D. 超声波

5. 不用洗衣粉的洗衣机是（　　）洗衣机。

A. 波轮式　　　　B. 滚筒式　　　　C. 搅拌式　　　　D. 臭氧

三、判断题

1. 波轮式洗衣机发源于欧洲，它是模仿棒槌击打衣物的原理设计的，它利用电动机使滚筒旋转，衣物在滚筒中不断地被提升、摔下，再提升再摔下，如此重复运动，再加上洗衣粉和水的共同作用将衣物洗涤干净。（　　）

2. 双缸半自动洗衣机，需要人工把衣服从洗衣桶放到脱水桶。（　　）

3. 滚筒洗衣机耗水量大，磨损率高，易缠绕，可洗织物种类不多。（　　）

4. 洗衣机应放置在室内干燥、通风、地面平整处，不要置于露天、阳光暴晒及直射处。（　　）

5. 全自动洗衣机通电后不进水，有可能是自来水水压太低，或者进水电磁阀金属过滤网被杂物堵塞等原因。（　　）

四、简答题

读取图 3-28 所示型号的洗衣机信息。

图 3-28　简答题图

学习任务二　电　　梯

学习目标

1. 熟悉电梯的定义、分类及主要技术参数。
2. 掌握电梯型号的编制方法。
3. 掌握曳引式电梯的组成及工作原理。
4. 了解电梯的发展趋势。
5. 熟悉电梯运行管理和日常维护保养制度。

相关知识

一、电梯的基础知识

1. 电梯的定义

国家标准 GB/T 7024—2008《电梯、自动扶梯、自动人行道术语》中对电梯的定义：服务于建筑物内若干特定的楼层，其轿厢运行在至少两列垂直于水平面或与铅垂线倾斜角小于 15°的刚性导轨之间的永久运输设备。轿厢尺寸与结构型式便于乘客出入或装卸货物。

2. 电梯的主要参数

1) 额定载重量（kg）：电梯设计所规定的轿厢载重量。

2) 轿厢尺寸（mm）：轿厢内部尺寸，即宽×深×高。

3) 轿厢型式：单面开门、双面开门或其他特殊要求，包括轿顶、轿底、轿厢壁的表面处理方式，颜色选择，装饰效果，是否装设风扇、空调或电话（对讲装置）等。

4) 轿门型式：常见轿门有栅栏门、中分门、双折中分门、旁开门及双折旁开门等。

5) 开门宽度（mm）：轿厢门和层门完全开启时的净宽度。

6) 开门方向：对于旁开门，人站在轿厢外，面对层门，门向左开启则为左开门，反之为右开门；两扇门由中间向左右两侧开启的称为中分门。

7) 曳引方式：曳引绳穿绕方式，也称为曳引比，指电梯运行时，曳引轮绳槽处的线速度与轿厢升降速度的比值。常用的有半绕 1∶1 吊索法，即轿厢的运行速度等于钢丝绳的运行速度；半绕 2∶1 吊索法，即轿厢的运行速度等于钢丝绳运行速度的一半；全绕 1∶1 吊索法，即轿厢的运行速度等于钢丝绳的运行速度。这几种电梯常用曳引方式如图 3-29 所示。

8) 额定速度（m/s）：电梯设计所规定的轿厢运行速度。

9) 电气控制系统：包括电梯所有电气线路采取的控制方式、电力拖动系统采用的型式等方面。

10) 停层站数：凡在建筑物内各楼层用于出入轿厢的地点称为停层站，其数量为停层站数。

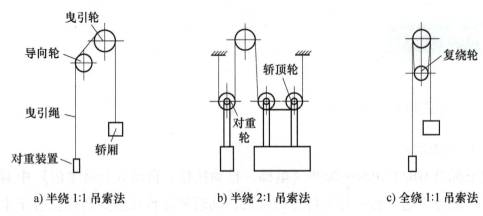

a) 半绕 1:1 吊索法　　b) 半绕 2:1 吊索法　　c) 全绕 1:1 吊索法

图 3-29　电梯常用曳引方式示意图

11) 提升高度（mm）：从底层端站地坎上表面至顶层端站地坎上表面之间的垂直距离。

12) 顶层高度（mm）：顶层端站地坎上平面到井道天花板（不包括任何超过轿厢轮廓线的滑轮）之间的垂直距离。

13) 底坑深度（mm）：底层端站地坎上平面到井道底面之间的垂直距离。

14) 井道高度（mm）：由井道底面至机房楼板或隔音层楼板下最凸出构件之间的垂直距离。

15) 井道尺寸（mm）：井道的宽×深。

二、电梯的分类

1. 按电梯用途分类

（1）乘客电梯（passenger lift）

乘客电梯是为运送乘客而设计的电梯，代号为 TK。它适用于高层住宅、办公大楼、宾馆、饭店、旅馆等场所。乘客电梯应安全舒适、装饰新颖美观，可以手动或自动控制，轿厢顶部除照明灯外还需设排风装置，在轿厢侧壁有回风口以加强通风效果，乘客出入方便。其额定载重量分为 630kg、800kg、1000kg、1250kg、1600kg 等几种，速度有 0.63m/s、1.0m/s、1.6m/s、2.5m/s 等多种，载客人数多为 8~21 人，运送效率高，在超高层建筑物运行时，速度可以超过 3m/s，甚至达到 10m/s。图 3-30 所示为乘客电梯。

（2）载货电梯（goods lift；freight lift）

载货电梯是主要为运送货物而设计的电梯，通常有人伴随，代号为 TH。它用于运载货物及伴随的装卸人员，要求结构牢固可靠，安全性好。为节约动力，保

项目三 典型民生类机电设备

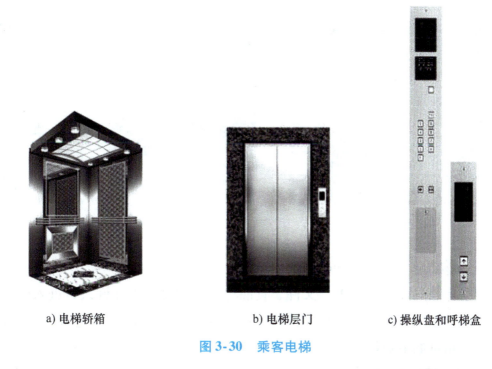

a) 电梯轿厢　　　　　　b) 电梯层门　　　　　c) 操纵盘和呼梯盒

图 3-30　乘客电梯

证良好的平层准确度，常取较低的额定速度，轿厢的空间通常比较宽大，额定载重量有 630kg、1000kg、1600kg、2000kg 等几种，运行速度多在 1.0m/s 以下。图 3-31 所示为载货电梯。

（3）客货电梯（passenger-goods lift）

客货电梯是以运送乘客为主，可同时运送货物的电梯，代号为 TL。它与乘客电梯的主要区别是轿厢内部装饰不同，一般多为低速运行。

（4）病床电梯或医用电梯（bed lift）

病床电梯或医用电梯是为运送病床（包括病人）及相关医疗设备而设计的电梯，代号为 TB。其特点是轿厢窄且深，常要求前后贯通开门，运行稳定性要求较高，噪声低，一般有专职司机操作，额定载重量有 1000kg、1600kg、2000kg 等几种。图 3-32 所示为病床电梯。

（5）住宅电梯（residential lift）

住宅电梯是供住宅楼使用的电梯，代号为 TZ。它主要用于运送乘客，也可运送家用物件或生活用品，多为有司机操作，额定载重量有 400kg、630kg、1000kg 等，相应的载客人数为 5、8、13 等，速度有低速和快速等差异。其中，载重量为 630kg 以上的电梯还允许运送残疾人乘坐的轮椅和童车，载重量 1000kg 的电梯还能运送"手把拆卸"式的担架和家具。图 3-33 所示为住宅电梯。

145

图 3-31 载货电梯

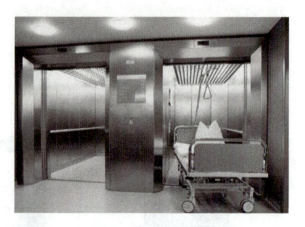
图 3-32 病床电梯

（6）杂物电梯（dumbwaiter；service lift）

杂物电梯是只能运送图书、文件、食品等少量货物，不允许人员进入的电梯，代号为 TW。它的轿厢，就其尺寸和结构型式而言，须满足不能进人的条件，轿厢尺寸不得超过如下规格：

1）底板面积：1.00m^2。

2）深度：1.00m。

3）高度：1.20m。

但是，如果轿厢由几个固定的隔间组成，而每一个隔间都能满足上述要求，高度超过 1.20m 则是允许的。图 3-34 所示为杂物电梯。

图 3-33 住宅电梯

图 3-34 杂物电梯

（7）船用电梯（lift on ships）

船用电梯是船舶上使用的电梯，代号为 TC。它是固定安装在船舶上，供乘客、船员或其他人员使用的提升设备，能在船舶的摇晃中正常工作，速度一般应小于 1.0m/s。图 3-35 所示为船用电梯。

（8）观光电梯（panoramic lift；observation lift）

观光电梯是井道和轿厢壁至少有同一侧透明，乘客可观看轿厢外景物的电梯，代号为 TG。

（9）汽车电梯（motor vehicle lift；automobile life）

汽车电梯是为运送车辆而设计的电梯，代号为 TQ。它可用作各种汽车的垂直运输，如高层或多层车库、仓库中的电梯等。这种电梯轿厢面积较大，要与所运载的汽车相适应，其结构应牢固可靠，多无轿顶，升降速度一般都小于 1.0m/s。图 3-36 所示为汽车电梯。

图 3-35　船用电梯

图 3-36　汽车电梯

（10）其他电梯

还有其他用作专门用途的电梯，如冷库电梯、防爆电梯、矿井电梯、建筑工地电梯等。

2. 按电梯运行速度分类

（1）低速梯

低速梯是轿厢额定速度不大于 1m/s 的电梯，通常用于 10 层以下的建筑物，多为客货两用梯或货梯。

（2）中速（快速）梯

中速（快速）梯是轿厢额定速度大于 1m/s 且小于 2m/s 的电梯，通常用于 10

层以上的建筑物内。

(3) 高速梯

高速梯是轿厢额定速度大于等于2m/s且小于3m/s的电梯，通常用于16层以上的建筑物内。

(4) 超高速梯

超高速梯是轿厢额定速度大于等于3m/s的电梯，通常用于超高层建筑物内。

3. 按有无电梯机房分类

电梯按有无电梯机房可分为有机房电梯和无机房电梯两类，其中每一类又可进一步划分。

(1) 有机房电梯

有机房电梯根据机房的位置与型式可分为以下几种：

1) 机房位于井道上部并按照标准要求建造的电梯。

2) 机房位于井道上部，机房面积等于井道面积、净高度不大于2300mm的小机房电梯。

3) 机房位于井道下部的电梯。

(2) 无机房电梯

无机房电梯根据曳引机安装位置分为以下几类：

1) 曳引机安装在上端站轿厢导轨上的电梯。

2) 曳引机安装在上端站对重导轨上的电梯。

3) 曳引机安装在上端站楼顶板下方承重梁上的电梯。

4) 曳引机安装在井道底坑内的电梯。

4. 按曳引机结构型式分类

(1) 有齿轮曳引电梯

曳引电动机输出的动力通过齿轮减速箱传递给曳引轮，继而驱动轿厢，采用此类曳引方式的称为有齿轮曳引电梯。

(2) 无齿轮曳引电梯

曳引电动机输出的动力直接驱动曳引轮，继而驱动轿厢，采用此类曳引方式的称为无齿轮曳引电梯。

5. 按驱动方式分类

(1) 钢丝绳式电梯

钢丝绳式电梯是指曳引电动机通过蜗杆、蜗轮、曳引绳轮、轿厢和对重装置驱动轿厢上下运行的电梯。

（2）液压电梯

液压电梯是指电动机通过液压系统驱动轿厢上下运行的电梯。

（3）齿轮齿条电梯

齿轮齿条式电梯是指通过轿厢外的齿轮与井道导轨的齿条之间的啮合驱动轿厢上下运行的电梯。

6. 按曳引电动机的电流类型分类

按曳引电动机电流类型的不同，可分为交流电梯和直流电梯。

7. 按控制方式分类

按控制方式的不同，可分为轿厢内手柄开关控制的电梯，轿厢内按钮开关控制的电梯，轿厢内、外按钮开关控制的电梯，轿厢外按钮开关控制的电梯，信号控制的电梯，集选控制的电梯，并联控制的电梯和群控电梯。

三、电梯型号的编制方法

（1）电梯型号编制方法的规定

由于 JJ 45—1986《电梯、液压梯产品型号编制方法》已废除，新的标准还没有出台，目前各大品牌电梯都有自己的表示方法，但都包括：类型、品种、拖动方式、改型、主参数、控制方式、尺寸、开门方式等参数。

电梯、液压梯产品的型号由三部分代号组成，第二、三部分之间用短线分开。

第一部分是产品类型、品种、拖动方式和改型代号。产品类型、品种、拖动方式代号用具有代表意义的大写汉语拼音字母表示，产品的改型代号按顺序用小写汉语拼音字母表示，若无则可以省略不写。

第二部分是主参数代号，其左侧为电梯的额定载重量，右侧为额定速度，中间用斜线分开，均用阿拉伯数字表示。

第三部分是控制方式代号，用具有代表意义的大写汉语拼音字母表示。

电梯型号的编制方法如图 3-37 所示。

电梯的品种、拖动方式及控制方式的代号分别见表 3-4 ~ 表 3-6。

（2）电梯产品型号示例

TKJ1000/2.5-JX 表示：交流调速乘客电梯，额定载重量为 1000kg，额定速度为 2.5m/s，采用集选控制。

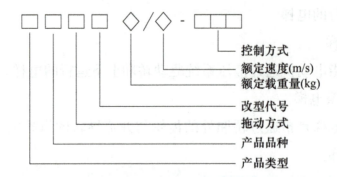

图 3-37 电梯型号的编制方法

表 3-4 品种代号

产品品种	代表汉字	拼音	采用代号
乘客电梯	客	KE	K
载货电梯	货	HUO	H
客货电梯	两	LIANG	L
病床电梯	病	BING	B
住宅电梯	住	ZHU	Z
杂物电梯	物	WU	W
船用电梯	船	CHUAN	C
观光电梯	观	GUAN	G
汽车电梯	汽	QI	Q

表 3-5 拖动方式代号

拖动方式	代表汉字	拼音	采用代号
交流	交	JIAO	J
直流	直	ZHI	Z
液压	液	YE	Y
齿轮齿条	齿	CHI	C

表 3-6 控制方式代号

控制方式	代表汉字	采用代号
手柄开关控制，自动门	手、自	SZ
手柄开关控制，手动门	手、手	SS
按钮控制，自动门	按、自	AZ
按钮控制，手动门	按、手	AS
信号控制	信号	XH

（续）

控制方式	代表汉字	采用代号
集选控制	集选	JX
并联控制	并联	BL
梯群控制	群控	QK
集选、微机控制	集、选、微	JXW

TKZ1000/1.6-JX 表示：直流乘客电梯，额定载重量为 1000kg，额定速度为 1.6m/s，采用集选控制。

TKJ1000/1.6-JXW 表示：交流调速乘客电梯，额定载重量为 1000kg，额定速度为 1.6m/s，采用微机集选控制。

THY1000/0.63-AZ 表示：液压货梯，额定载重量为 1000kg，额定速度为 0.63m/s，采用按钮控制，自动门。

大家乘坐电梯时，如何正确了解所乘电梯的情况？

四、曳引式电梯的结构及工作原理

1. 电梯的整体结构

图 3-38 所示为电梯的整体结构。

2. 电梯的组成

不同规格型号的电梯，其功能和技术要求不同，配置与组成也不同。在此以比较典型的曳引式电梯为例进行介绍。

图 3-39 所示是典型电梯的结构组成框图。它是根据电梯使用中所占据的四个空间对电梯结构进行的划分，图 3-38 所示为曳引钢丝绳式电梯的组成和部件安装示意图，从两张图中不难看出一部完整电梯组成的大致情况。

3. 电梯的组成系统

根据电梯运行过程中各组成部分所发挥的作用与实际功能，可以将电梯划分为八个相对独立的系统。表 3-7 列出了电梯八个系统的功能及主要构件与装置。

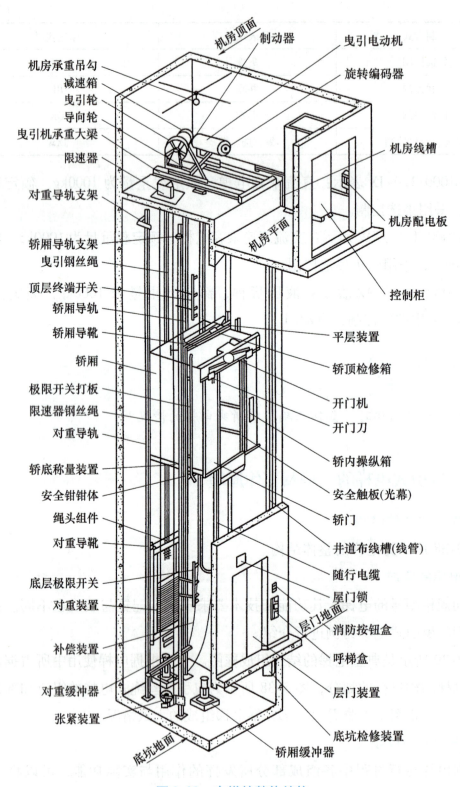

图 3-38 电梯的整体结构

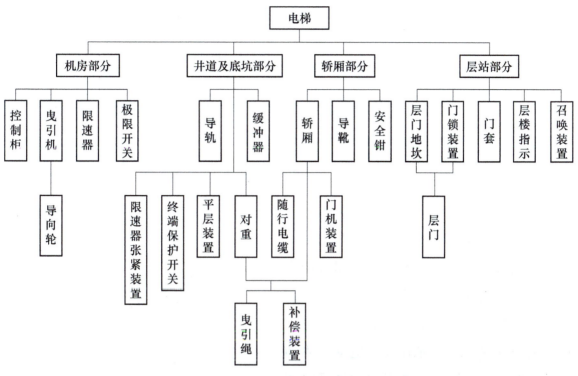

图 3-39 电梯的组成（从占用的四个空间来划分）

表 3-7 电梯八个系统的功能及主要构件与装置

系统组成	功　能	主要构件与装置
曳引系统	输出与传递动力，驱动电梯运行	曳引机、曳引钢丝绳、导向轮、反绳轮等
导向系统	限制轿厢和对重的自由度，使轿厢和对重只能沿着导轨做上、下运动，承受安全钳工作时的制动力	轿厢（对重）导轨、导靴及其导轨架等
轿厢	用以装运并保护乘客或货物的组件，是电梯的工作部分	轿厢架和轿厢体
门系统	供乘客或货物进出轿厢时用，运行时必须关闭，保护乘客和货物的安全	轿厢门、层门、开关门系统及门附属零部件
重量平衡系统	相对平衡轿厢的重量，减小驱动功率，保证曳引力的产生，补偿电梯曳引绳和电缆长度变化带来的重量转移	对重装置和重量补偿装置
电力拖动系统	提供动力，对电梯运行速度进行控制	曳引电动机、供电系统、速度反馈装置、电动机调速装置等

(续)

系统组成	功能	主要构件与装置
电气控制系统	对电梯的运行进行操纵和控制	操纵箱、呼梯箱、位置显示装置、控制柜、平层装置、限位装置等
安全保护系统	保证电梯安全使用，防止危及人身和设备安全的事故发生	机械保护系统：限速器、安全钳、缓冲器、端站保护装置等 电气保护系统：超速保护装置、供电系统断相/错相保护装置、超越上/下极限工作位置的保护装置、层门锁与轿门电气联锁装置等

4. 曳引式电梯的工作原理

曳引式电梯在电梯产品中应用得最为广泛。在曳引式提升机构中，钢丝绳悬挂在曳引轮绳槽中，一端与轿厢连接，另一端与对重连接。曳引轮在曳引电动机驱动下旋转时，利用钢丝绳和曳引轮绳槽之间产生的摩擦力形成曳引驱动力，带动电梯钢丝绳驱动轿厢、对重的升降，如图3-40所示。

曳引式提升机构之所以得到广泛应用，主要在于其具有如下优势。

1）安全可靠。当轿厢或对重由于某种原因冲击底坑中的缓冲器时，曳引钢丝绳作用在曳引轮绳槽中的压力消失，曳引力随即消失。此时，即使曳引电动机继续运转，也不致使轿厢或对重继续向上运行，能减少人员伤亡事故和财产损失的发生。

2）提升高度大。采用曳引式提升机构时，曳引钢丝绳的长度几乎不受限制，因此适用于高层建筑的电梯。

3）结构紧凑。采用曳引式驱动形式，

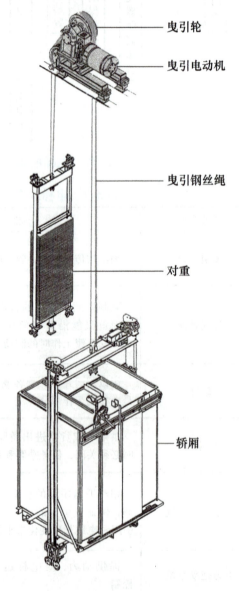

图3-40 曳引式电梯原理图

避免了在卷筒方式中因曳引钢丝绳在卷筒上缠绕导致卷筒直径变化从而产生曳引绳速度变化等问题（尤其在提升高度很大时），而且采用多根钢丝绳能保证较高的安全系数，减小了曳引轮直径，使整个提升机构更加紧凑。

4）可以使用高转速电动机。在电梯额定速度一定的情况下，曳引轮直径越小，曳引轮转速越高，采用曳引式提升机构便于选用结构紧凑、价格便宜的高转速电动机。

请大家上网查一查液压电梯的结构及工作原理。

五、电梯的运行管理制度和日常维护保养制度

1. 电梯的运行管理制度

电梯是高层建筑不可缺少的垂直交通运输设备。电梯产品质量的衡量标准如下：要有好的产品设计技术，质量符合要求；要有好的现场安装调试技能；要有一套完整的电梯运行管理制度和日常维护保养制度。这三者达到一致的认可和有机的结合，才能确保电梯的正常运行。

（1）电梯运行管理的要求

电梯是运送人和货物的设备，其运行特点是起动、停止和升降变化频繁，承载变化大。电梯关人、夹人、冲顶、蹲底等人身事故时有发生，造成了经济损失和不良的社会影响。我国先后颁发了《关于加强电梯管理的通知》和《关于进一步加强电梯安全管理的通知》等文件来对电梯的管理进行规范。

（2）电梯运行管理的内容

1）电梯必须有人管理。电梯和其他的机械设备一样，如果使用得当，有专人负责管理和定期保养，出现故障能及时修理，并彻底把故障排除，不但能够减少停机待修时间，还能够延长电梯的使用寿命，提高使用效果。相反，如果使用不当，又无专人负责管理和维修，不但不能发挥电梯的正常作用，还会缩短电梯的使用寿命，甚至出现人身和设备事故，造成严重后果。

2）管理中要特别注意电梯的安全使用，必须建立规章制度。

3）切实做好电梯的全过程管理。电梯的管理是对电梯运行的全寿命过程进

行技术管理和经济管理。按电梯全过程管理的不同阶段可分为前期管理（电梯投产前的管理）、使用期管理和后期管理三个阶段。做好全过程管理，是安全、有效使用电梯的基础。

(3) 在电梯日常管理中需要密切注意的几种外部情况

1) 特殊天气对电梯的影响。

① 高温天气。每年夏季都有气温高达35℃甚至以上的酷热天气，此时是电梯一年中两个故障高发期之一。若在已使用电梯机房现有的通风、降温设备的情况下，电梯机房温度仍然超过30℃时，需采取临时降温措施。如安装空调机降温，同一机房内的电梯进行轮换使用等。

② 潮湿天气。每年春、夏交替的时候，尚在春寒中的大地碰上北上暖湿气流，往往会出现一段高湿的回南天气，其湿度会超过98%，屋内的天花板、墙壁、地板都会有结露。此时是电梯一年中的另一个故障高发期。此时，若电梯机房内有空调设备，可使用空调进行除湿。（注意，机房温度不可超过30℃，湿度不可超过60%。）

③ 雷暴天气。近年来，随着城市的高速发展，百米以上的高楼大厦越来越多，其引发雷击的次数也越来越多，尤以珠江两岸的空旷地区更加突出。因为大多数电梯机房都是置于大厦的顶部，所以电梯成了在楼宇中最容易受雷电影响的设备。

现在，大部分楼宇预防雷电的措施是在楼顶安装避雷针或避雷网。这是一种被动式的防护措施，其原理是当楼宇遭雷击时，通过楼顶的避雷针或避雷网将雷电导入大地。但雷击瞬间形成的超强电场却无法消除，此超强电场对电梯的电气设备，特别是电子设备的正常工作会产生很大的干扰和破坏。目前，尚未有特别有效的办法应对这种干扰和破坏。

由于在出现大雷暴天气时，出入楼宇的人流量较平时大幅度减少，电梯的使用需求也会减少，比较折中的办法是根据本楼宇的实际情况，在大雷暴来临前关停部分电梯，在大雷暴过后再恢复运行，以防电梯电子设备受雷电影响而损坏。

2) 环境（污染）因素对电梯的影响。以下环境（污染）因素可能导致电梯金属部件老化、锈蚀；电气部分接触不良、短路或断路；抱闸机构锈死不工作；曳引轮打滑；电梯监控视频受到干扰等。

① 高温潮湿的环境，如单位食堂餐梯，潮湿地区的低层电梯。

② 有酸、碱、油、盐等腐蚀物的环境，如海产品市场的扶梯。

③ 有强电场干扰的环境，如位于变电站、无线电台旁的电梯。

3）用户楼房装修可能对电梯造成的影响。以下用户楼房装修情况可能导致轿厢变形；加剧电梯机械磨损；造成电梯电动机通风散热不良，电气设备开关接触不良、短路等。

① 装修材料及装修家具运送时的重载及沙土散落电梯井道。

② 超长、超大物品运送，如有些装修人员将电梯安全窗打开，将超长木方从轿内伸出轿顶。

③ 装修施工时产生的粉尘，若楼宇中有多层在进行整层装修，大量的水泥、石灰、粉尘会通过电梯井道吸入机房。

④ 装修施工时产生的废弃物很容易将下水道堵塞，造成积水流入电梯井道。

4）业主对电梯（轿厢）进行装修可能对电梯造成的影响。

① 对电梯轿厢照明光线、通风效果有影响。

② 阻碍电梯安全窗的正常使用。

③ 轿厢自重大幅度增加。

5）楼宇内其他设备（检修）故障可能对电梯造成的影响。

① 供配电设备的检修、转换、故障跳闸造成电梯非平层停梯困人。

② 空调设备检修、故障停转造成密封的电梯机房温度上升超标。

③ 给排水设备故障造成电梯井底积水或倒灌。

6）更换电梯零部件时需要注意的事项。

① 几种大型电梯部件老化磨损而需要更换的判别标准。

② 更换件的检收方法。

③ 更换零部件过程的监控。

④ 旧零部件的处理。

7）电梯年审检验部门与被检电梯质量的责任关系。按《特种设备安全监察条例》要求，电梯每年须经有关技术监督部门检验合格后才能继续使用，它是一种强制性安全监督检查。检验机构必须对检验工作质量负责。（因电梯使用单位违反规程要求操作而引发的事故，由电梯使用单位负责。）

8）有关电梯专业维修保养公司方面需留意的事项。

① 在运行的电梯是否全部都由专业维修保养公司定期进行检查和维护保养。

② 电梯专业维护保养人员是否相对固定，其技术水平和责任心如何。

9）专业维修保养单位与现场工程部的关系。由于电梯专业维修保养单位对电梯进行的例行保养每月只有 2~3 次，每次每台电梯的保养时间只有 1h 左右，虽然其专业（对核心部件而言）技术较高，但现场与电梯接触的时间与广度却远远比不上现场工程部。要及时发现电梯运行中的不良因素，对电梯日常安全运行实施真正有效的监护，必须依靠现场工程部。

要实现电梯的安全使用，现场工程部对电梯运行状态的有效监管是关键，现场工程部是电梯使用保障系统中的主力军。

2. 应急突发事件处理预案

（1）电梯困人

电梯困人时，必须由经培训并授权的专业人员予以处理（持证上岗）。紧急情况下救援被困于电梯内乘客的条例和步骤：

1）救援行动前。

① 首先应确定是否有乘客困在电梯内。

② 确认电梯停放位置，并安抚被困乘客，告之救援工作正在进行，请其保持镇静，切不可擅自打开轿门，并尽量远离轿门，静心等待救援。

2）救援的步骤。

① 告诉乘客正在把轿厢移动到可以安全开门的楼层位置，指导乘客站在远离轿门的位置。

② 确认电梯轿厢所在的楼层位置，并确认电梯轿门、层门均已关闭。

③ 准备齐全释放电梯抱闸所需的工具。

④ 在电梯机房切断电梯主电源，在确认电梯电源被完全切断的情况下，将电源开关上锁并挂牌，以防电源误合闸而对现场工作人员及正在撤离轿厢的乘客产生危险。

⑤ 检查电梯轿厢是否超过最近的楼层平层位置 300mm，当超过时，通知被困的乘客，电梯会被正常地绞起或绞落，无需惊慌。

⑥ 参照现场松抱闸示意图，将抱闸释放装置正确地放置在制动磁心上。

⑦ 利用抱闸释放装置上的手柄小心地对抱闸施加均匀的压力，以使刹车片松开。在使用抱闸释放装置时，必须由一人负责控制抱闸释放装置，另一人负责控制转动盘，确保在需要时便能即时安全、牢固地刹停轿厢。

⑧ 再次提醒乘客救援工作正在进行，然后平稳地操作抱闸释放装置及控制转动盘移动轿厢几次，一次只可移动轿厢约 30mm，切不可过急或幅度过大。

⑨ 通过以上操作，可以确定轿厢是否获得安全移动及抱闸刹车的性能。

⑩ 当确信已经获得安全移动之后,便可逐步增加移动量。使用手动释放抱闸装置使轿厢滑移,一次约 300mm,直到轿厢达到最近的楼层为止。

(2) 水浸事故

1) 发现或接报发生水浸事故危及电梯运行时,应立刻通知监控中心,当值保安员通过轿厢对讲机通知乘客从最近的楼层离开受影响的电梯。

2) 维修保养人员将受影响电梯轿厢运行至最高处,并关停该电梯。

3) 调集沙包拦住水浸楼层的电梯口,以防水浸入电梯井。

4) 即刻将情况报告工程主管和电梯维修保养单位。

5) 电梯维修保养单位接到报告后,应于 20min 内到达现场维修。

(3) 火灾

1) 维修保养人员打开迫降装置,将消防电梯全部降至首站。

2) 消防电梯自动进入消防运行状态,迅速关闭不具备消防功能的电梯。

3) 关闭各层门,防止火向其他楼层延烧。

3. 电梯维护与保养的依据、要求和目标

电梯是以人或货物为服务对象的起重运输机械设备,要求做到服务良好并且避免发生事故。必须对电梯进行日常、定期的维护,维护的质量直接关系到电梯运行的品质和人身的安全。维护要由专门的电梯维护人员进行。维护人员不仅要有较高的知识素养,能够掌握电气、机械等方面的基本知识和操作技能,而且对工作要有强烈的责任心,这样才能使得电梯安全、可靠、舒适地为乘客服务。

(1) 电梯维护保养的依据

在国务院制定的《特种设备安全监察条例》中,明确了电梯用户要遵守的有关规定和义务,主要包括以下方面:

1) 使用合法特种设备的义务。

2) 使用登记和登记标志应当置于设备显著位置的义务。

3) 使用单位建立特种设备安全技术档案的义务。

4) 特种设备运行故障和事故记录。

5) 报检义务。

6) 消除事故隐患的义务。

7) 制定特种设备的事故应急措施和救援预案的义务。

8) 电梯维护保养、紧急救援措施等方面的义务。

9）使用持证作业人员并对他们进行安全教育和培训的义务。

10）作业人员发现事故隐患立即向有关人员报告的义务。

11）电梯重大维修过程，必须经国务院特种设备安全监督管理部门核准的检验检测机构按照安全技术规范的要求进行监督检验。

（2）电梯维护保养的要求

电梯司机或维护人员除每日工作前对电梯做准备性的试车外，还应每日对机房内的机械和电器装备做巡视性的检查，并应对电梯做定期维护工作。根据不同的检查日期、范围和内容，一般分为每周检查、季度检查和年度检查。

（3）电梯维护保养的目的

维护保养的目的是保持设备有较高的可靠性。能否保证设备始终处于良好状态，取决于设备的维护保养，而不能采取消极的"坏了再修"的态度。

4. 电梯的维护

（1）每周检查

电梯维护人员应每周对电梯的主要机构和设施进行一次检查，检查其动作的可靠性和工作的准确性，并进行必要的修正和润滑，其内容如下。

1）检查轿厢按钮和停车按钮的动作。

2）检查轿厢照明、信号（指示器、方向箭头、蜂铃），必要时调换灯泡。

3）检查平层机构的准确度。

4）检查轿厢门的开关动作。

5）检查自动门的重开线路（按钮、安全触板、光电管等）。

6）检查层门门锁是否灵活，接点之间是否正常，在必要时进行调节或更换。

7）检查门导轨中有无污物。

8）检查制动闸的情况，制动盘与制动闸瓦之间的间隙是否正常及是否有磨损，必要时调整或更换制动闸瓦。

9）检查曳引机和电动机的润滑油是否在油位线上，必要时添加润滑油。

10）检查接触器触头、衔铁接触情况是否良好，是否有污垢。

11）检查驱动电动机有无异常声响和过热现象。

12）检查导向轮的运行情况。

13）检查开门机是否灵活，电磁力是否足够。

（2）季度检查

电梯每次在使用三个月之后，维护人员应对其重要机械和电气装备进行比较细致的检查、调整和修理。检查内容如下。

1）机房。

① 检查蜗轮、蜗杆、减速箱及电动机轴承端润滑是否正常。

② 检查制动器动作是否正常，制动闸瓦与制动盘之间的间隙是否正常。

③ 检查曳引钢丝绳是否渗油过多而引起滑移。

④ 检查限速器钢丝绳、选层器钢带运行是否正常。

⑤ 检查继电器、接触器、选层器等工作情况是否正常，触头是否清洁，主要部件的紧固螺钉是否松动。

2）轿顶和井道。

① 检查门的操作，调节和清洁门驱动装置的部件，如传动带、电动机、速度控制开关、门悬挂滚轮、安全开关和弹簧等。

② 清洁轿门、层门门坎和上坎（门导轨）。

③ 检查全部门刀和门锁滚轮之间的间隙与直线度情况。

④ 调节和清洁全部层门及其附属件，如尼龙滚轮、触杆、开关门铰链、门滑轮、橡胶停止块、门与门坎之间的间隙等。

⑤ 检查并清洁全部层门门锁和开关触点，以及井道内的接线端子。

⑥ 检查对重装置和轿厢连接件（补偿链）。

⑦ 检查轿厢、对重导靴的磨损情况和安全钳与导轨的间隙，必要时予以调整和更换。

⑧ 检查每根曳引钢丝绳的张紧度是否正常，并做好清洁工作。

3）轿厢内部。

① 检查轿厢操纵箱上的按钮和停车按钮的工作情况。

② 检查轿厢照明、轿厢信号指示器、方向指示箭头、蜂铃的工作情况，必要时调换灯泡。

③ 检查轿门的开关动作和自动门的重开线路情况（按钮、安全触板、光电管、关门力限制器等）。

④ 检查紧急照明装置。

⑤ 检查并调节电梯的性能，如起动、运行、减速和停止是否舒适良好。

⑥ 检查平层准确度。

4）层站。

检查层门旁的呼梯盒及层楼指示器的工作情况。

(3) 年度检查

电梯每次在运行一年之后，应进行一次技术检验，由有经验的技术人员负责，维护人员配合，按技术检验标准，详细检查电梯所有的机械、电气、安全设备的情况和主要零部件的磨损程度，修配磨损量超过允许值的零部件和换装损坏的零部件。

1）调换开、关门继电器的触头。

2）调换上、下方向接触器的触头。

3）仔细检查控制屏上所有接触器、继电器的触头，若有灼痕、拉毛等现象，予以修复或调换。

4）调整曳引钢丝绳的张紧均匀程度。

5）检查限速器的动作、速度是否准确，安全钳是否能可靠动作。

6）调换层门、轿门的滚轮。

7）调换开、关门机构的易损件。

8）仔细检查和调整安全回路中各开关、触点等的工作情况。

5. 电梯各部分的日常保养

电梯各部分日常主要保养的项目如下：

1）曳引机的维护。

2）机房进线配电盘的保养。

3）控制屏的保养。

4）限速器的保养（上轮）。

5）曳引钢丝绳的保养。

6）井道的维护。

7）限位开关和极限开关的保养。

8）控制电缆和井道内配线的保养。

9）层站的维护。

10）轿厢内部的维护。

11）安全钳的保养。

12）底坑的维护。

遇到电梯困人突发事件，应如何处理？

> **延伸阅读**

电梯的历史与发展方向

很久以前,人们就已经开始使用原始的升降工具来运送人和货物,并大多采用人力或畜力作为驱动力。19 世纪初,随着工业革命的发展,蒸汽机成为重要的原动机,在欧美国家开始用蒸汽机作为升降工具的动力,并不断地创新和改进。1852 年,世界上第一台被工业界普遍认可的安全升降机诞生。1845 年,英国人汤姆逊制成了世界上第一台液压升降机。由于当时升降机功能不够完善,难以保障安全,较少用于载人。

1854 年,美国纽约扬克斯(Yonkers)的机械工程师奥的斯(Elisha Graves Otis)在一次展览会上向公众展示了他的发明,从此宣告了电梯的诞生,也打消了人们长期对升降机安全性的质疑。随后,奥的斯组建成立了奥的斯电梯公司。

1857 年,奥的斯电梯公司在纽约安装了世界上第一台客运升降机;1889 年,奥的斯公司制成了世界上第一台以直流电动机驱动的升降机,此时电梯就名副其实了;1899 年,第一台梯阶式(梯阶水平,踏板由硬木制成,有活动扶手和梳齿板)扶梯试制成功。1903 年,奥的斯电梯公司采用了曳引驱动方式代替了卷筒驱动,提高了电梯传动系统的通用性;同时也成功制造出有齿轮减速器的曳引式高速电梯,使电梯传动设备的质量和体积大幅度地减小,增强了安全性,并成为沿用至今的电梯曳引式传动的基本型式。

奥的斯电梯公司在 1892 年开始用按钮操纵代替以往在轿厢内拉动绳索的操纵方式;1915 年制造出微调节自动平层的电梯;1924 年安装了第一台信号控制电梯,使电梯司机的操纵大大简化;1928 年开发并安装了集选控制电梯;1946 年在电梯上使用了群控方式,并在 1949 年用于纽约联合国大厦;特别值得一提的是,奥的斯电梯公司在 1967 年为美国纽约世界贸易中心大楼安装了 208 台电梯和 49 台自动扶梯,每天可完成 13 万人次的运输任务。

1976 年,日本富士达公司开发了速度为 10m/s 的直流无齿轮曳引电梯;1977 年,日本三菱电机公司开发了晶闸管控制的无齿轮曳引电梯;1979 年,奥的斯电梯公司开发了第一台基于微机的电梯控制系统,使电梯控制进入了一个崭新的发展时期;1983 年,日本三菱电机公司开发了世界上第一台变频变压调速电动机,并于 1990 年将此变频调速系统用于液压电梯的驱动;1996 年,芬兰通力电梯公司发布了最新设计的无机房电梯,由 Ecodisk 扁平的永磁同步电动机变压变频调速驱动,电动机固定在井道顶部侧面,由曳引钢丝绳传动牵引轿厢;同年,日本三菱电机公司开发了采用永磁同步无齿轮曳引机和双盘式制动系统的双层轿厢高速电梯,安装在上海汇丰大厦;1997 年,迅达电梯公司展示了无机房电梯,该电梯无需曳引绳和承载井道,可自驱动轿厢在自支承的铝制导轨上垂直运行;同年,通力电梯公司在芬兰建造了行程为 350m 的地下电梯试验井道,电梯实际提升高度达到 330m。

随着现代建筑物楼层的不断升高,电梯的运行速度、载重量也在提高。世界上最高电梯速度已经达到 16m/s,但从人体对加速度的适应能力、气压变化的承受能力和实际使用电梯停层的考虑,一般将电梯的速度限制在 10m/s 以下。

1982 年,法国、德国、日本三国共同研制了直线电动机电梯,并于 1989 年在日本安装试用成功。这种电梯在结构上基本融直线电动机与电梯对重为一体,并装以盘式制动器,电力拖动方面采用微机进行变频变压调速系统。在不久的将来,还可能研制出沿着垂直-曲线复合路径运行的无绳电梯。

目前,为了降低建筑物造价,提高建筑面积的有效利用率,无机房电梯已经被大量使用。它无须建造普通意义上的机房,对井道顶层楼板及井道没有特殊要求,这样既节约了机房建造费用,又提高了井道的利用率。

我国电梯行业起步较晚,主要经历了以下几个阶段:起步阶段(1900—1949 年),这一阶段主要是对进口电梯的销售、安装、维保,这一阶段我国电梯的拥有量约为 1100 台;独立开发研制、自行生产阶段(1950—1979 年),这一阶段我国共生产安装电梯约 10000 台;快速发展阶段(1980 年至今),目前,我国已经成为世界上最大的电梯使用市场和电梯生产国。

我国现有电梯整机生产企业近 500 家,美国奥的斯、瑞士迅达、芬兰通力、德国蒂森及日本三菱、日立、东芝、富士达等世界大型电梯公司均在我国建立了合资或独资企业。

电梯整机企业主要有山东百斯特电梯有限公司、浙江巨人电梯有限公司、上海华立电梯有限公司、苏州申龙电梯股份有限公司等;电梯配件企业有德国威特电梯部件集团、西班牙塞维拉集团等建立的合资企业，还有宁波欣达电梯配件厂、宁波申菱电梯配件有限公司、上海新时达电梯部件有限公司、上海贝思特电梯部件有限公司等。

电梯产品今后将向超高速、智能群控、绿色环保、网络化、信息化等方向快速发展，以更好地服务我们的日常生活。

基础训练

一、填空题

1. 电梯运行在至少两列垂直于水平面或与铅垂线倾斜角_____15°的刚性导轨之间。

2. 曳引方式指电梯运行时，曳引轮绳槽处的线速度与轿厢升降速度的_____。

3. 电梯按照驱动方式分为_____、_____和_____。

4. 根据电梯运行过程中各组成部分所发挥的作用与实际功能，可以将电梯划分为_____相对独立的系统。

二、选择题

1. 住宅楼层的英文简称是（　　）。

A. U　　　　　　　　　　　　B. F
C. L　　　　　　　　　　　　D. A

2. 电梯的维护方法有（　　）。

A. 每周检查　　　　　　　　　B. 每月检查
C. 每日检查　　　　　　　　　D. 不定期检查

3. 乘客电梯用（　　）表示。

A. 品种代号 K　　　　　　　　B. 品种代号 H
C. 品种代号 L　　　　　　　　D. 品种代号 B

三、判断题

1. 电梯属于特种机电设备。（　　）

2. 额定载重量是电梯的主要技术参数。（　　）

3. 超高速电梯是电梯技术的发展方向。（　　）

学习任务三　无　人　机

学习目标

1. 熟悉无人机的定义、分类及技术特点。
2. 了解无人机的发展趋势及应用。
3. 掌握多旋翼无人机的飞行原理及组成。
4. 熟悉多旋翼无人机的基本操作技巧。

相关知识

无人机的定义有狭义和广义之分，狭义上的无人机是指无人驾驶航空器（Unmanned Aerial Vehicle，UAV），也称为无人航空器，广义上的无人机是指所有不需要驾驶员登机驾驶的各式遥控或自主智能航空器。一架或多架无人机需要相关的遥控站、所需的指令与控制数据链路及其他部件共同组成的系统才能完成特定工作任务，这个系统称为无人机系统（Unmanned Aircraft System，UAS），也称为无人驾驶航空器系统。

无人机系统主要包括无人机机体、飞控系统、数据链系统、发射回收系统和电源系统，如图 3-41 所示。

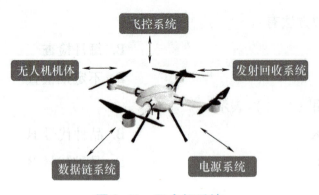

图 3-41　无人机系统

无人机系统驾驶员是指无人机实际操作人员，即在无人机飞行期间全程操作起降、飞行、发送指令的人。运营人指对无人机的运行负有必不可少职责并在飞行期间适时操纵飞行的人。无人机系统的机长是指在系统运行时间内负责整个无人机系统运行和安全的驾驶员。无人机系统驾驶员、运营人及无人机系统机长在无人机运行过程中共同承担无人机安全运行及顺利完成工作任务的责任。

一、无人机的分类、应用及发展趋势

1. 无人机的分类

近年来,国内外无人机相关技术飞速发展,无人机系统种类繁多、用途广泛、特点鲜明,致使其在尺寸、质量、航程、航时、飞行高度、飞行速度、性能及任务等多方面都有较大差异。由于无人机的多样性,出于不同的考量会有不同的分类方法,且不同的分类方法相互交叉、边界模糊。

无人机可按飞行平台构型、用途、尺度、活动半径、任务高度等进行分类。

(1) 按飞行平台构型分类

无人机主要有固定翼无人机(图3-42)、无人直升机(图3-43)和多旋翼无人机(图3-44)三大平台,其他小种类无人机平台还包括伞翼无人机、扑翼无人机和无人飞船等。

图3-42　固定翼无人机

图3-43　无人直升机

固定翼无人机是军用和多数民用无人机的主流平台,其最大特点是飞行速度较快;无人直升机是灵活性最强的无人机平台,可以原地垂直起飞和悬停;多旋翼无人机是消费级和部分民用的首选平台,灵活性介于固定翼无人机和无人直升机之间(起降需要推力),其操纵简单、成本较低。

(2) 按用途分类

无人机按用途的不同可分为军用无人机和民用无人机。军用无人机可分为侦察无人机、诱饵无人机、电子对抗无人机、通信中继无人机、无人战斗机及靶机等。民用无人机可分为巡查/监视无人机、农用无人机、气象无人机、勘探无人机及测绘无人机等。

（3）按尺度分类（民航法规）

根据运行风险的大小，民用无人机分为微型、轻型、小型、中型、大型无人机。

图3-44 多旋翼无人机

1）微型无人机是指空机质量小于0.25kg，设计性能同时满足飞行高度不超过50m、最大飞行速度不超过40km/h、无线电发射设备符合微功率短距离无线电发射设备技术要求的遥控驾驶航空器。扑翼式微型无人机如图3-45所示。

2）轻型无人机是指同时满足空机质量不超过4kg，最大起飞质量不超过7kg，最大飞行速度不超过100km/h，具备符合空域管理要求的空域保持能力和可靠被监视能力的遥控驾驶航空器，但不包括微型无人机。图3-46所示为航测轻型无人机。

图3-45 扑翼式微型无人机

图3-46 航测轻型无人机

3）小型无人机是指空机质量不超过15kg或者最大起飞质量不超过25kg的无人机，但不包括微型、轻型无人机。

4）中型无人机是指最大起飞质量超过25kg但不超过150kg，且空机质量超过15kg的无人机。

5）大型无人机是指最大起飞质量超过150kg的无人机。

（4）按活动半径分类

无人机按活动半径的不同可分为超近程无人机、近程无人机、短程无人机、中程无人机和远程无人机。超近程无人机活动半径在15km以内，近程无人机活动半径为15～50km，短程无人机活动半径为50～200km，中程无人机活动半径为200～800km，远程无人机活动半径大于800km。

（5）按任务高度分类

无人机按任务高度的不同可分为超低空无人机、低空无人机、中空无人机、高空无人机和超高空无人机。超低空无人机任务高度一般为0～100m，低空无人机任务高度一般为100～1000m，中空无人机任务高度一般为1000～7000m，高空无人机任务高度一般为7000～18000m，超高空无人机任务高度一般大于18000m。

2. 无人机的应用

无人机的飞速发展虽然只有20多年，但无人机技术在过去几年中发展速度惊人。个人、商业实体和政府机构已经认识到无人机的多种用途，如新闻摄影与电影摄影、快递装运、为灾害管理收集信息或提供必需品、搜救、不可及地形和地点的地理制图、建筑安全检查、精密作物监测、无人货物运输、执法和边境管制监督、风暴追踪和预报飓风与龙卷风等。每天都有大量投资涌入这个充满希望的行业，越来越多的无人机正被开发中。

使用无人机可以提高工作效率和生产力，减少工作量和生产成本，提高精度，改善服务和客户关系，以及解决大规模的安全问题，这些都是无人机在全球范围内应用的顶级选项。随着越来越多的企业开始在全球范围扩大规模和提升潜力，无人机技术在各行业的应用正迅速从"时尚阶段"跃升到"大趋势阶段"。

目前，无人机正在世界范围内广泛被应用，尤其是在军事、商业及个人生产生活领域应用得更为广泛。

（1）军事无人机技术

军用无人机在当今世界正被广泛使用，它们可充当目标诱饵，并执行作战、研发及侦查等任务，无人机已经成为世界各国军事力量的重要组成部分。

（2）商业无人机技术

商用无人机正呈现稳定的发展势头，并已成为人们谈论的重要话题。许多行业正在使用无人机作为日常业务功能的一部分，如自动为农田施肥，监测交通事故，测量难以到达的地方，甚至递送比萨饼等。

（3）个人无人机技术

随着社会的不断发展，普通技术爱好者们购买用于拍摄电影、录音、静物摄影及游戏的个人无人机逐渐增多，该市场也迅速扩大。

3. 无人机的发展趋势

无人机技术发展迅猛，目前正处于突破性改进阶段。从技术发展情况看，可将无人机技术分为七代，而当前的技术多数处于第五代和第六代之间。各代无人机的特征如下。

1）第一代：各种型式的基本遥控飞机。

2）第二代：静态设计，安装固定摄像头，可录像和拍摄静态照片，采用手动驾驶控制。

3）第三代：静态设计，具有双轴万向联轴器，高清视频，采用基本安全模式和辅助驾驶。

4）第四代：革命性设计，具有三轴万向联轴器，1080p高清视频或更高价值的仪器，采用改进的安全模式，以及自动驾驶模式。

5）第五代：革命性设计，具有万向联轴器，4K视频或更高价值的仪器，智能驾驶模式。

6）第六代：具有商业适用性，符合安全与监管标准，具有平台和有效载荷适应性，采用自动安全模式和智能驾驶模式，具有完全自主性和空域意识。

7）下一代无人机，也就是第七代无人机正在设计研发中，它将具有完整的商业性、自动安全模式和良好的隐身性能，完全符合安全和监管标准，可以完成自动起飞、安全着陆等各项工作任务。

什么是无人机？你所见过的无人机按照活动半径区分属于哪种类型？

二、多旋翼无人机的定义、结构组成及分类

1. 多旋翼无人机的定义及特点

多旋翼无人机是一种具有三个及以上旋翼轴的特殊的无人驾驶直升机，如图3-47所示。

项目三　典型民生类机电设备

图 3-47　多旋翼无人机

多旋翼无人机的优点是：可定点悬停，操作简单，起降场地要求不高。

多旋翼无人机的缺点是：续航时间短，一般不超过 30min，航程也短。

2. 多旋翼无人机的结构组成

多旋翼无人机的机身部件构成包括机臂、机身、任务部件和脚架，具体如图 3-48 所示。

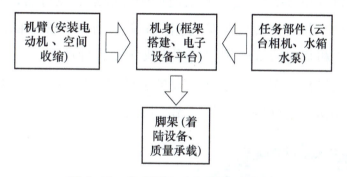

图 3-48　多旋翼无人机的机身构成

机身是多旋翼无人机的主体框架。需要注意的是，机身装有各种电子设备，所以应避免进水，保持外壳封闭。尤其是植保机（图 3-49），其工作环境相对严酷，在平常使用时应格外注意检查外壳是否封闭。

机臂是连接无人机主体与电动机座的部件，其数量与多旋翼轴数相同，同时在一些 Y 形的多旋翼结构中，还存在主臂与小臂，如图 3-50 所示。

图 3-49　植保机主机身内部

171

a) 六个单独的机臂　　　　　　　b) 一个大臂接两个小臂

图 3-50　机臂

多旋翼无人机脚架的主要作用于支撑机身质量和提高桨叶与地之间的距离，方便多旋翼无人机起降时消耗和吸收着陆时的撞击力量。通常，脚架的接地部分都会安装减振装置。图 3-51 所示为多旋翼无人机的脚架。

3. 多旋翼无人机的分类

目前常见的多旋翼无人机包括四旋翼（也称为四轴）无人机、六旋翼无人机和八旋翼无人机。

四旋翼无人机（图 3-52）是一种具有四个螺旋桨的飞行器，并且四个螺旋桨呈十字形交叉结构，相对的螺旋桨具有相同的旋转方向，相邻的螺旋桨旋转方向不同。四旋翼无人机通过改变螺旋桨的速度来实现各种动作。

四旋翼无人机结构简单，是小型无人机中最常见的结构。但是它没有动力冗余，任何一个电动机出现问题停转都将无法控制。

图 3-51　多旋翼无人机的脚架　　　　　图 3-52　四旋翼无人机

六旋翼无人机（图 3-53）和四旋翼无人机相比，可在一个电动机停转的情况下悬停，安全系数较高。

八旋翼无人机（图 3-54）最多可在不相邻两电动机停转的情况下悬停，安全系数更高。

项目三　典型民生类机电设备

图 3-53　六旋翼无人机

图 3-54　八旋翼无人机

请说一说你见过的无人机是否属于多旋翼，如果是，属于几旋翼？

三、多旋翼无人机的飞行原理及应用

1. 多旋翼无人机的飞行原理

多旋翼无人机是通过每个轴上电动机的转动带动旋翼旋转，从而产生推力，并通过改变不同旋翼之间的相对转速改变每根单轴的推进力大小，进而改变飞行器的运行轨迹，同时通过多组旋翼之间的相对旋转来互相抵消反扭力，从而完成规定轨迹的飞行任务。如图 3-55 所示，M1 是沿逆时针方向旋转，则 M2 必定是沿顺时针方向旋转；M3 是沿逆时针方向旋转，则 M4 必定是沿顺时针方向旋转，多旋翼无人机相邻螺旋桨转向相反。

多旋翼无人机通过各个旋翼之间的转速差实现以下飞行方式（图 3-56）：垂直（上升、下降）方式，偏航（顺、逆时针方向旋转）方式，俯仰（前进、后退）方式，横滚（左右平移）方式。

多旋翼无人机通过操纵摇杆实现对动作的控制。摇杆模式主要分为美国手（图 3-57）和日本手（图 3-58）。美国手是多旋翼无人机最为常见的摇杆模式，油门在遥控器左侧。日本手油门在遥控器右侧。在操作崭新或未操作过的多旋翼无人机之前，一定要确认摇杆模式，否则在操作过程中可能会出现很严重的安全问题。

图 3-55　多旋翼无人机相邻螺旋桨转向相反

173

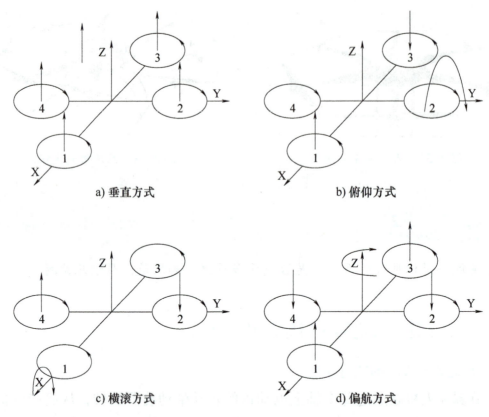

图 3-56 多旋翼无人机的飞行方式

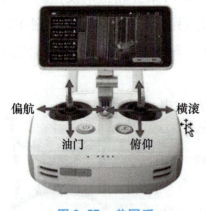

图 3-57 美国手

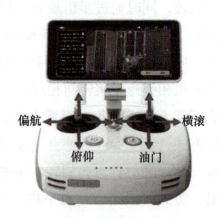

图 3-58 日本手

多旋翼无人机总体框架由链路通信系统、动力系统、飞控系统、飞行器平台和任务设备组成,如图 3-59 所示。

2. 多旋翼无人机的链路通信系统

链路通信系统主要用于多旋翼无人机飞行器系统传输控制和载荷通信的无线电链路,是飞行器与地面操纵人员之间沟通的桥梁。通信链路的主要构成包括地

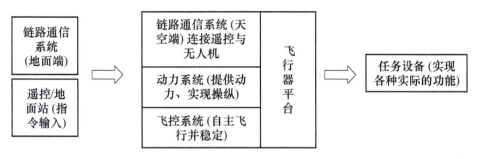

图 3-59　多旋翼无人机总体框架

面端与天空端。地面端需要将控制信号及任务指令发送到飞行器（天空端），飞行器则需将飞行器的状态及任务设备的状态发送到地面端。

以往的航模飞行器中，地面与空中的通信往往是单向的，也就是地面进行信号发射，而空中进行信号接收并完成相应的动作，地面的部分被称为发射机，空中的部分被称为接收机，所以这类飞行器的通信数据链只有一条。而多旋翼飞行器系统地面人员不仅要能控制飞行器，还需要了解飞行器的飞行状态及飞行器任务设备的状态。这就要求多旋翼飞行器具有数据传输链路，飞行器发送数据，地面端接收数据，这是常见的第二条数据链。

现在常见的航拍飞行器需要把多旋翼飞行器所拍摄到的画面传输回地面端，而地面端则需要接收视频画面。地面端与天空端之间的联系如图 3-60 所示。

关于链路通信系统的注意事项是：天线必须展开，否则将会降低传输效果及缩短传输距离。另外，天线绝对不能指向多旋翼无人机，这是因为天线顶端与底端的信号最差，天线应与飞行器保持平行（手握遥控器时是指向天空），如图 3-61 所示。

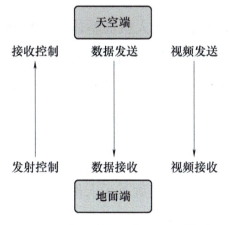

图 3-60　地面端与天空端之间的联系

a) 信号强

b) 信号弱

图 3-61　天线的展开方式

3. 多旋翼无人机的飞控系统

飞控系统即飞行控制系统，其主要功能是控制飞机达到期望的姿态和空间位置，所以这部分的感知技术主要测量与飞机运动状态相关的物理量，涉及的模块包括陀螺仪、加速度计、磁罗盘、全球定位系统（Global Positioning System，GPS）模块及惯性测量单元（Inertial Measurement Unit，IMU）等，如图3-62所示。飞控系统的另一个用途是提供无人机的自主导航，也就是路径和避障规划，所以需要感知周围环境状态，如障碍物的位置，相关的模块包括测距模块及物体检测、追踪模块等。飞控系统的核心部件如下。

全球定位系统（GPS）：通过卫星获得经纬度位置信息。

磁罗盘：通过地球磁场获得方向信息。

陀螺仪：一种用于稳定飞行并保持位置的装置，可以检测到多旋翼的最小偏移。

加速度计：一种用于感测和测量三维加速度的装置，主要用于帮助稳定无人机。

图3-62 多旋翼无人机的飞控系统

惯性测量单元（IMU）：组合（融合）来自两个或两个以上的传感器（如陀螺仪、加速度计或GPS模块）信息，用于无人机相对地球的航向矢量和速度矢量的测量，以感知无人机姿态。

4. 多旋翼无人机的动力系统

多旋翼无人机的动力系统由电动机、电子调速器、螺旋桨、充电器和锂电池构成，如图3-63所示，其基本原理是由电子调速器驱动电动机带动螺旋桨旋转，螺旋桨产生向上的拉力，带动无人机向上飞行。

电子调速器和电动机是无人机动力系统的核心，对无人机的整体稳定性和动态特性起着关键的作用。电子调速器（Electronic Speed Control，ESC）简称电调，其作用是控制电动机的运行，根据电动机是否带物理换向器，分为有刷电调和无刷电调。

5. 多旋翼无人机的应用

多旋翼无人机广泛应用于电力巡线、消防搜救、交通监管、地图测绘、农业植保、航拍摄影等领域，如图3-64所示。下面重点介绍多旋翼无人机在农业植保领域的应用。

农业植保无人机，顾名思义就是用于农林植物保护作业的无人驾驶飞机。该

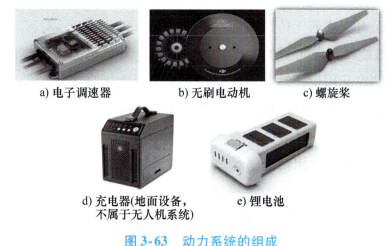

a) 电子调速器　　b) 无刷电动机　　c) 螺旋桨

d) 充电器(地面设备，不属于无人机系统)　　e) 锂电池

图 3-63　动力系统的组成

a) 电力巡线　　b) 消防搜救　　c) 交通监管

d) 地图测绘　　e) 农业植保　　f) 航拍摄影

图 3-64　多旋翼无人机的应用领域

类型无人飞机由飞行平台（固定翼、单旋翼、多旋翼）、GPS 飞控、喷洒机构三部分组成，通过地面遥控或 GPS 飞控来实现喷洒作业，可以喷洒药剂、种子、粉剂等。由于农业植保无人机体积小、质量轻、运输方便、可垂直起降、飞行操作灵活，对于不同地域、不同地块、不同作物等具有良好的适应性。因此，不管在我国北方还是南方，丘陵还是平原，大地块还是小地块，农业植保无人机都拥有广阔的应用前景。

植保无人机的巨大优势主要体现在以下方面。

（1）植保无人机喷药比传统喷药技术安全

一方面，植保无人机是自主飞行喷洒农药，避免了喷洒作业人员直接暴露于农药范围内，保障了人员的安全。另一方面，植保无人机的工作效率比人工打药快百倍。

（2）植保无人机喷药比传统喷药技术作业效率高

植保无人机旋翼产生向下的气流，扰动了作物叶片，药液更容易渗入，可以减少20%以上的农药用量，达到最佳喷药效果，大大提高了作业效率的同时，也更加有效地提高了药物效果。而传统的喷药技术速度慢、效率低，很容易发生故障，还可能导致农作物不能及时上市。

（3）植保无人机喷药比传统喷药技术节省成本

植保无人机喷药用时短、效率高，和以往的传统人工喷药技术相比，节约了成本、人力和时间。

目前农业植保市场多以多旋翼无人机为主（图3-65）。多旋翼无人机操控较为简单，普通飞控系统即可满足需求，价格方面相较单旋翼无人机也更为亲民。而多旋翼无人机中的四旋翼无人机以其结构简单、机动性高、操控简单等特点在农业植保市场上大显身手。

图 3-65　农业植保无人机

请大家上网查一查四旋翼植保无人机的应用优势。

延伸阅读

无人机的诞生

无人机的诞生可以追溯到1914年，当时正处于第一次世界大战时期，英国的卡德尔和皮切尔两位将军向英国军事航空学会提出了一项建议：研制一种不用人驾驶，而用无线电操纵的小型飞机，使它能够飞到敌方某一目标区上空，将事先装在小型飞机上的炸弹投下去。这种大胆的设想立即得到当时英国军事航空学会理事长戴·亨德森爵士的赏识。他指定由 A. M. 洛教授率领一班人马进行研制。

项目三　典型民生类机电设备

　　最初的研制是在一个名叫布鲁克兰兹的地方进行的。为了保密，该计划被命名为"AT 计划"。经过多次试验，研制小组首先研制出了一台无线电遥控装置。飞机设计师杰佛里·德哈维兰设计出了一架小型上单翼机。研制小组把无线电遥控装置安装到这架小型飞机上，但没有安装炸弹。1917 年 3 月，在第一次世界大战临近结束之际，世界上第一架无人驾驶飞机在英国皇家飞行训练学校进行了第一次飞行试验。可是飞机刚起飞不久，发动机突然熄火，飞机因失速而坠毁。过了不久，研制小组又研制出第二架无人机进行试验。飞机在无线电遥控装置的操纵下平稳地飞行了一段时间。就在大家兴高采烈地庆祝试验成功的时候，这架飞机的发动机又突然熄火了。失去动力的无人机一头栽入人群。

　　两次试验的失败使研制小组感到十分沮丧，"AT 计划"也就此画上了句号。但 A. M. 洛教授并没有灰心，继续进行着无人机的研制。功夫不负有心人，10 年后，他终于取得了成功。1927 年，由 A. M. 洛教授参与研制的"喉"式单翼无人机在英国海军"堡垒"号军舰上成功地进行了试飞。该机载有 113kg 炸弹，以 322km/h 的速度飞行了 480km。"喉"式无人机的问世在当时引起了极大的轰动。

基础训练

一、填空题

1. 无人机的定义有狭义和广义之分，狭义上的无人机是指_____，也称为无人航空器，广义上的无人机是指所有不需要驾驶员登机驾驶的_____或_____航空器。

2. 无人机系统主要包括_____、飞控系统、_____、发射回收系统和_____。

3. 按飞行平台构型分类，无人机主要有_____、无人直升机和_____三大平台，其他小种类无人机平台还包括伞翼无人机、_____和无人飞船等。

4. 多旋翼无人机的机身部件构成包括_____、_____、任务部件和_____。

5. 目前常见的多旋翼无人机包括_____（也称为四轴）无人机、_____

179

无人机和八旋翼无人机。

6. 多旋翼无人机是通过每个轴上_____的转动带动_____旋转，从而产生推力，并通过改变不同旋翼之间的相对转速改变每根单轴的推进力大小，进而改变飞行器的运行轨迹，从而完成规定轨迹的飞行任务。

7. 多旋翼无人机通过各个旋翼之间的转速差实现_____、_____、_____和_____四种飞行方式。

8. 多旋翼无人机总体框架由_____、动力系统、_____、_____和任务设备组成。

9. 现在常见的航拍飞行器需要把多旋翼飞行器所拍摄到的画面传输回_____，而地面端则需要接收_____。实现地面端与天空端之间的联系。

10. _____和_____是无人机动力系统的核心，对无人机的整体稳定性和动态特性起着关键的作用。

二、选择题

1. 无人机的简称是（　　）。
   A. UAS　　　　B. UAV　　　　C. UVA　　　　D. SUV

2. 无人机可以被看作（　　）。
   A. 陆地机器人　　　　　　　B. 水下机器人
   C. 空中机器人　　　　　　　D. 空中飞行机器

3. 无人机是利用（　　）和自备的程序控制装置的不载人飞机。
   A. 无线电遥控设备　　　　　B. 有线电遥控设备
   C. 虚拟线路设备　　　　　　D. 实体线路设备

三、判断题

1. 多旋翼飞行器属于无人机。（　　）

2. 无人机可以在无人驾驶的条件下完成复杂的空中飞行任务和各种负载任务。（　　）

3. 无人机系统驾驶员、运营人及无人机系统机长在无人机运行过程中共同承担无人机安全运行及顺利完成工作任务的责任。（　　）

4. 无人机可按飞行平台构型、用途、尺度、活动半径、任务高度等进行分类。（　　）

5. 无人机按用途的不同可分为军用无人机、民用无人机和医用无人机。（　　）

6. 无人机按任务高度的不同可分为超低空无人机、中空无人机、高空无人机和超高空无人机。（ ）

7. 机身是多旋翼无人机的主体框架，需要注意的是，机身装有各种电子设备，所以应避免进水，保持外壳封闭。尤其是航拍机，其工作环境相对严酷，在平常使用时应格外注意检查外壳是否封闭。（ ）

8. 第一代无人机是指各种型式的基本遥控飞机。（ ）

9. 八旋翼无人机最多可在不相邻两电动机停转的情况下悬停，安全系数更高。（ ）

10. 关于链路通信系统的注意事项是天线必须展开，否则将会降低传输效果以及缩短传输距离。（ ）

四、简答题

1. 请简述多旋翼无人机的定义及其特点。
2. 简述多旋翼无人机美国手和日本手的区别和使用过程中的注意事项。
3. 请举例说明多旋翼无人机在各个领域的应用。

项目四 典型信息类机电设备

随着信息时代的发展,办公自动化已经融入人们日常工作和生活中,办公自动化需要很多用于信息采集、传输和存储处理的机械电子产品,这些机械电子产品都属于信息类机电设备。我们日常工作和生活中所用到的打印机、复印机、传真机、投影仪、摄像机等都属于信息类机电设备。

下面就介绍一下打印机、传真机和投影仪等常用的典型信息类机电设备的相关知识。

学习任务一 打 印 机

学习目标

1. 了解打印机的分类、型号及技术指标。
2. 了解打印机的工作原理及安装与维护的基本知识。
3. 掌握打印机使用时的注意事项。
4. 了解打印机的常见故障及排除方法。

相关知识

打印机(Printer)是将计算机的运算结果或中间结果以人所能识别的数字、字母、符号和图形等相关信息,依照规定的格式印在纸上的设备。打印机是计算机的主要输出设备之一,它是由约翰·沃特和戴夫·唐纳德合作发明的。

随着现代信息技术的发展,打印机在分辨率、打印速度等方面的技术不断提高,正在向轻、薄、短、小、低功耗、高速度和智能化方向发展。

一、打印机的分类、型号及技术指标

1. 打印机的分类

1)按照数据传输方式的不同可分为串行打印机和并行打印机。

2)按照打印元件对打印介质是否有击打动作可分为击打式打印机和非击打式打印机。

3)按照打印字符结构的不同可分为全形字打印机和点阵字符打印机。

4)按照工作原理的不同可分为激光打印机(图4-1)、喷墨打印机(图4-2)和针式打印机(图4-3)。

图4-1 激光打印机

图4-2 喷墨打印机

5)按照用途的不同可分为办公和事物通用打印机、商用打印机和专用打印机。

2. 打印机的型号

一般打印机铭牌上都有品牌名和型号。图4-4所示为 HP LaserJet M1136 MFP 型打印机,机身上标注了品牌和型号。其中,HP 表示惠普品牌,LaserJet M1136 MFP 为打印机型号,该型号表明该打印机是一种集复印、扫描、打印为一体的多功能黑白激光打印机,打印纸张的规格为 A4 幅面。

图4-3 针式打印机

3. 打印机的技术指标

(1)激光打印机的主要技术指标

1)分辨率。打印机分辨率又称为输出分辨率,是指在打印输出时横向和纵

图4-4　HP LaserJet M1136 MFP 型打印机

向两个方向上每英寸（英寸的单位符号是"in"，1in = 0.0254m）最多能够打印的点数，通常以"点/英寸"即 dpi（dot per inch）表示。它是衡量打印机打印质量的重要指标，它决定了打印机打印图像时所能表现的精细程度。

2）打印速度。它是指在使用 A4 幅面打印纸打印各色碳粉覆盖率为 5% 情况下的打印速度，单位是页/min。目前所有打印机厂商为用户所提供的标识速度都以打印速度作为衡量标准。

3）打印机语言。它是激光打印机的另一个重要特性，是衡量激光打印机输出复杂版面能力的指标之一。

4）内置字体。它也是激光打印机的关键特性之一，是打印机可以输出的字体种类。

5）打印幅面。它也称为打印宽度，用所能打印的最大纸张的规格来标识。

6）网络打印。它是指通过打印服务器（内置或者外置）将打印机作为独立的设备接入局域网或者因特网，从而使打印机摆脱一直以来作为计算机外设的附属地位，成为网络中的独立成员，成为一个网络结点和信息管理与输出终端，其他网络成员可以直接访问使用该打印机。

（2）喷墨打印机的主要技术指标

1）分辨率。分辨率是衡量打印质量的一个重要指标。它是指在每英寸的范围内喷墨打印机可打印的点数。

2）色彩调和能力。对于使用彩色喷墨打印机的用户而言，打印机的色彩调和能力是个非常重要的指标。

3）打印喷头。打印喷头是喷墨打印机的核心部件，称为墨头或者打印头。打印喷头数量越多，打印速度越快。

4）纸张输入容量。它表示打印机支持输入纸盒的数量，以及每个纸盒可以容纳打印纸张的数量。喷墨打印机一般只有一个输入纸盒。该指标是打印机纸张处理能力的一个评价指标，同时还可以间接说明打印机自动化程度的高低。

（3）针式打印机的主要技术指标

1）打印方式。它是针式打印机在打印过程中所采用的模式。

2）打印头。在选购打印机时要注意打印头的针数，目前绝大多数的打印机都采用24针打印头。

3）字符集。字符集是打印机中字库种类的说明，通过字符集可以看出该打印机属于哪一种类型。

4）打印速度。这是针式打印机重要的性能指标，它反映了打印机的综合性能。一般只给出打印一行西文字符或中文汉字时的打印速度。

5）接口。大多数打印机的标准配置是并行接口，其他标准接口一般作为附件另行购置。

6）最大缓冲容量。该指标间接表明了打印机在打印时对计算机主机工作效率的影响。

7）输纸方式。一台好的打印机应具备多种输纸功能，这反映出其机构设计是否合理及全面。

8）纸宽及纸厚度。纸宽指标反映了打印机的最大打印宽度，目前通用打印机的纸宽一般为9in（窄行）和13.6in（宽行）；纸厚度则反映了打印头的击打能力，这项指标对于需要复写的文件是非常重要的。

4. 不同类型打印机的优缺点（表4-1）

表4-1 不同类型打印机的优缺点

类型	激光打印机	喷墨打印机	针式打印机
优点	速度快、效果好；工作环境要求低；日常维护保养简单；适合大批量连续打印	价格相对比较便宜；由于采用数量较多的喷头，可以实现更细致、混合多种颜色的打印效果，主要适合打印彩色图片和文件	与激光和喷墨打印机相比，打印成本最低；可以打印发票和多层纸张
缺点	价格相对比较高；颜色以黑色为主，而彩色激光打印机价格比较昂贵，打印彩色图片效果不如喷墨打印机；只能单层打印	对周围环境要求比较高；墨盒的管理相对要求比较高，更换比较频繁，耗材成本比较高；打印速度比较慢；只能单层打印	打印分辨率是三种打印机中最低的；只能打印文字和表格，不适合打印图片；打印噪声非常大

我们家里都使用哪种打印机?

二、打印机的工作原理及安装与维护

1. 打印机的工作原理

（1）激光打印机的工作原理

激光打印机是 20 世纪 70 年代 Xerox（施乐）公司发明的。激光打印机是借助激光技术完成打印工作。从功能结构上区分，激光打印机可分为打印控制器和打印引擎两大部分。前者就是打印机的控制电路，负责接收来自计算机终端或网络的打印命令及相关数据，并指挥打印引擎进行相关动作，属于常规性部件。而打印引擎则根据来自打印控制器的命令进行实际的打印工作，激光打印机的实际性能更多取决于打印引擎。激光打印机的工作原理如图 4-5 所示。

激光打印机通过控制系统给打印引擎传递打印命令，打印命令转换为电信号传递给激光单元，使激光单元产生激光，当激光照到光敏旋转硒鼓上时，被照到的感光区域可产生静电，吸起粉仓中碳粉等细小的物质，使碳粉附着到感光区域，硒鼓旋转与打印纸接触将碳粉附在打印纸上面，通过定影器使碳粉熔固在打印纸上，打印纸输出后形成所打印的文件。

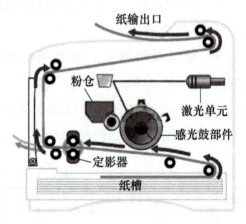

图 4-5 激光打印机的工作原理图

激光打印机的耗材（需定期更换的部件）有碳粉盒、感光鼓或感光带、充电单元、定影器、调和粉盒和废粉盒。其中，碳粉盒是更换频率最高的耗材，感光鼓或感光带也是更换频率较高的耗材，同时也是价格较高的耗材。

（2）喷墨打印机的工作原理

喷墨打印机是指通过打印喷头喷出的极为微小的墨点在打印纸上组成相应图像的打印机。目前市场上的喷墨打印机的喷墨方式分为两种：其一为压电式喷墨，其二为热气泡式喷墨。

压电式喷墨原理：喷头内装有墨水，在喷头上、下两侧各装有一块压电晶体，压电晶体受打印信号的控制产生变形，挤压喷头中的墨水，从而控制墨水的喷射。不打印时，墨水由盒体内的海绵吸附，以保证墨水不会从打印头漏出。

热气泡打印机（通常被称为泡沫喷墨）使用微型电阻器产生热量，而这些热量使墨水蒸发并且产生气泡。当气泡膨胀时，一些墨水就从喷管中喷到纸上。当气泡破裂时，就会产生一个真空空间，这就使更多的墨水从墨盒进入打印头。通常，一个打印头包含 300 个或 600 个细小的喷管，并且它们能够同时喷出墨点。

喷墨打印机的进纸装置含有一个纸盘或进纸器、辊子和一个进纸步进电动机。步进电动机给辊子提供能量，这样辊子才能够让纸张以精确的速度进入，从而产生整齐而持续的图像。

（3）针式打印机的工作原理

针式打印机通过打印针对色带的机械撞击，在打印介质上产生小点，最终由小点组成所需打印的对象。打印针数就是指针式打印机打印头上的打印针数量。而打印针的数量直接决定了打印的效果和打印的速度。

2. 打印机的安装

打印机的安装一般分为两个部分，一个是打印机和计算机的连接，另一个就是在操作系统下安装打印机的驱动程序。

（1）打印机和计算机的连接

如果是安装 USB 接口的打印机，安装时在不关闭计算机主机和打印机的情况下，直接把打印机的 USB 连线一头接打印机，另一头连接到计算机的 USB 接口就可以了。如果不是 USB 接口，则需要在计算机关机的状态下将相应的连接线插入计算机主机箱后面的相应接口中。

打印机的安装

（2）打印机驱动程序的安装

1）接通打印机电源，然后打开打印机的开关，用 USB 数据线连接打印机和计算机。

2）把随机配送光盘放进计算机光驱，计算机会自动弹出安装引导界面。单击"安装"后，在安装界面中会提示是安装一台打印机还是修复本机程序，如果是初次安装打印机或者重新安装系统的话，选择"添加另一打印机"，如果是后期使用打印机出错，可以选择"修复"，然后等待驱动安装完毕。

3）进行本地安装。选择控制面板列表下的"设备和打印机"选项，打开页面后，在页面最上面一行单击"添加打印机"选项，选择第一个选项"现有的端口"，然后根据端口类型来选择打印机，最后会在列表中出现相关的打印机品牌和型号，根据提示进行安装即可。

4）安装完毕会显示有打印测试。在打印文件时，可以从打印预览的效果查看文件整体的版式是否合适。预览后，选择纸张的尺寸、效果以及打印机型号，开始打印就可以了。

3. 打印机的维护

（1）激光打印机的维护

对激光打印机进行维护时，应在打印机未工作状态下进行，取出显影组件，使用吹气皮囊清洁激光打印机各个输纸辊之间的污物。

当感光鼓出现脏污时，可使用一块干燥、无尘的海绵垫（或医用棉）轻轻地擦净感光鼓表面的污迹，如图4-6所示。

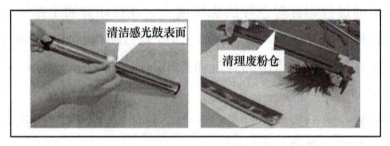

图4-6 感光鼓和废粉仓清洁示意图

长时间使用激光打印机，其废粉仓内的墨粉会越积越多，因此，需定期对废粉仓进行清洁。可直接将显影组件取出，拆开显影组件，将废粉仓中的废墨粉倒出即可。

电极丝是激光打印机打印成像中的重要部件。因为长期高负荷的使用，打印机的电极丝会被打印机内残余的墨粉、灰尘或纸屑等污染。其直接后果就是导致电压下降，进而影响正常工作。用户应该定期对激光打印机内部进行清理，用毛刷小心地清理机舱内部的废弃碳粉，并将残留在打印机内的纸屑清理干净。在内舱清理之后，小心地取出电极丝，先用毛刷仔细清除掉附着在电极丝上的碳粉和纸屑，然后用脱脂棉将其轻轻地仔细擦拭干净。需要注意的是，一定不要用腐蚀性液体进行清理。此外，如果使用中性溶剂进行清理，一定要在完全干燥之后，才开机使用。

激光打印机的硒鼓持续工作时间长，但是在长期的使用中很容易造成硒鼓的老化。应该定期用脱脂棉将硒鼓表面擦拭干净。在清理过程中要尽量小心，防止划坏硒鼓表层。此外，在更换墨粉时要注意把废粉仓中的废粉清理干净。

对激光打印机中的激光器、定影加热辊、热敏电阻及热敏开关等其他部件进行定期维护时，一般用脱脂棉蘸些酒精进行擦拭即可。在擦拭时要注意动作轻微，防止划伤部件表面，同时注意安装时，各部件要回到原有的安装位置。

（2）喷墨打印机的维护

喷墨打印机与激光打印机最大的区别在于，喷墨打印机采用墨盒和打印喷头作为打印组件。喷墨打印机长时间使用后，打印喷头会出现堵塞的情况，为了避免出现此种情况，应定期对打印喷头进行清洁，如图4-7所示。

图4-7　打印喷头清洁示意图

喷墨打印机相比激光打印机要娇贵很多。在保养过程中除了对机器进行必不可少的维护之外，对于使用环境也要求干净，这主要是为了保证喷墨打印机在使用中不至于因为空气中的灰尘导致打印喷头堵塞。

除此之外，还要注意以下方面。

1）不要将墨盒长期暴露在空气中。在喷墨打印机的使用中，一定不要将墨盒长期暴露在空气中。这是因为在长期暴露的情况下容易造成墨水的干涸。一旦墨盒中的墨水干涸，不仅会影响墨盒的正常使用，还会在使用过程中影响打印喷头的正常使用。严重情况下还会导致打印喷头的损坏。所以，当开始使用墨盒之后，要尽量保持持续使用，放置的时间不要过长。

2）不要采用灌墨。使用喷墨打印机不要采用灌墨。这是因为墨水是一种特殊的物质，多种墨水的混合很容易产生杂质沉淀。这种沉淀最直接的影响就是导致打印喷头损坏。而打印喷头发生这种物理损坏一般无法恢复，只能通过更换打印喷头来排除故障。

3）不使用时取出墨盒并放置到墨盒的包装盒中。在不使用喷墨打印机时，应该取出墨盒并放置到墨盒的包装盒中，尽可能保证墨盒周围环境的恒温，不要将墨盒直接放置到阳光强烈的地方。喷墨打印机需要在长期不使用的状态下保持干净，最好是放回包装盒中，不要长期暴露在空气中积累灰尘。

(3) 针式打印机的维护

针式打印机是通过色带进行打印的，因此，在对针式打印机进行维护时，应重点检查色带的使用情况，根据使用情况进行色带加注墨水或者更换色带的操作。

在日常维护保养过程中，除了对色带检查和处理以外，还要注意以下方面。

1）置于恰当的工作环境，避免日光直接照射。因为针式打印机是通过机械打印头进行打印，所以，为了保证打印头的正常工作，针式打印机必须放在平稳、干净、防潮、无酸碱腐蚀的工作环境中，并且应避免日光直接照射。

2）定期对针式打印机进行清理。因为针式打印机打印的介质多半都是纸张，而且打印过程是采用打印针的触动式打印，所以在针式打印机中必然存在很多纸屑和灰尘。这些纸屑和灰尘的累积会影响打印机的正常工作，所以用户需要定期用小刷子或吸尘器清扫机内的灰尘和纸屑。并且在条件允许的情况下，要经常用中性洗涤剂擦拭打印机机壳。

3）保证使用环境卫生，定期检查机械装置。在使用针式打印机的过程中，要尽可能保证使用环境的卫生，不要在周围环境中摆放一些杂物。而且在使用一段时间后，最好定期检查打印机的机械装置，检查打印机是否存在螺钉松动或脱落的现象、字车导轨轴套是否磨损，检查输纸机构、字车和色带传动机构的运转是否灵活，若有松动或不灵活，应予以紧固、更换或调整。针式打印机并行接口电缆线的长度不能超过2m。各种接口连接器插头都不能带电插拔，以免烧坏打印机与主机接口元件，插拔时一定要关闭主机和打印机电源。

4）勿轻易调整打印的浓度。在使用针式打印机打印票据时，不要轻易调整打印的浓度。这是因为调整浓度的同时也是调整打印头的打印力度，过度的打印力度容易造成打印头的损坏或断针故障的发生。打印头的位置要根据纸张的厚度或实际情况进行调整，最好是由专人进行调试。在打印中不要抽纸。这是因为在抽取纸张的瞬间很可能会刮断打印针，这会严重影响打印机的使用并导致额外的修理费用。

5）打印时勿触摸、修理与摆动。在针式打印机工作时，不要用手随意触摸打印头表面或修理、摆动，这是因为在打印过程中针式打印机的打印头表面温度较高，容易造成损坏。在打印时摆动会妨碍字车移动，甚至造成某些部件的故障。要尽量减少打印机空转。打印机的空转不仅浪费电力还会缩短打印机的寿命，所以尽可能保证打印机不空转。

4. 使用打印机的注意事项

1）打印机上禁止放置其他物品。

2）打印机长时间不用或遇雷电天气时，请将电源插头从插座中拔出。

3）打印机工作时处于高温状态，在温度下降之前禁止接触，防止烫伤。

4）打印机工作时禁止切断电源。

5）禁止异物（订书针、金属片、液体等）进入打印机，否则会造成触电或机器故障。

6）如果打印机产生发热、冒烟、有异味、有异常声音等情况，请马上切断电源并与专业人员联系。

7）在打印文档时，不允许使用厚度过大（超过80g）的纸，不允许使用有皱纹、折叠过的纸。进纸时，一定要保证纸张平整，并将纸平行放入，否则容易造成卡纸。

8）不要随意拆卸、搬动、拖动打印机，以免造成连接线脱落、松动及短路的现象。如有故障，请及时与维修人员联系。

9）在确保打印机电源正常、数据线和计算机连接时方可开机。

10）打印机在打印时，请勿搬动、拖动、关闭打印机电源。

11）在打印量过大时，应使每次的打印量保持在30份以内，间隔5～10min后再次打印，以免打印机过热而损坏。

12）对于非正式文件，尽量使用废纸打印或复印。

如何延长打印机的使用寿命？

三、打印机的常见故障及排除方法

打印机在使用一段时间后就会出现一些故障现象，需要进行及时的排除。下面简要介绍一下不同类型打印机的常见故障现象及排除方法。

激光打印机
常见故障排除

1. 激光打印机常见故障及排除方法

1）卡纸。出现卡纸时，操作面板上指示灯会亮，并向主机发出一个报警信号。出现这种故障的原因很多，例如，纸张输出通道内有杂物、输纸辊等部件转动失灵、纸盒不进纸、传感器故障等。排除这种故障的方法十分简单，只需打开机盖，取下被卡的纸即可。但要注意，必须按进纸方向取纸，绝不可反方向转动任何旋钮。如果经常卡纸，就要检查进纸通道，清除纸张输出通道的杂物，保证纸的前部边缘刚好在金属板的上面。检查出纸辊是否磨损或弹簧是否松脱，若弹簧压力不够，即不能将纸送入机器。当出纸辊磨损，一时无法更换时，可用缠绕橡皮筋的办法进行应急处理。缠绕橡皮筋后，增大了搓纸摩擦力，能使进纸恢复正常。此外，装纸盘安装不正常，纸张质量不好（过薄、过厚、受潮），也会造成卡纸或不能取纸的故障。

2）打印机输出空白纸。引起该类故障的原因可能是显影辊未吸到墨粉，也可能是感光鼓未接地，使负电荷无法向地释放，激光束不能在感光鼓上起作用。另外，激光打印机的感光鼓不旋转，则不会有影像生成并传到纸上。断开打印机电源，取出墨粉盒，打开盒盖上的槽口，在感光鼓的非感光部位做个记号后重新装入机内。开机运行一会儿，再取出墨粉盒检查记号是否移动了，即可判断感光鼓是否工作正常。如果墨粉不能正常供给或激光束被挡住，也会出现打印空白纸的现象。此时，应检查墨粉是否用完、墨盒是否正确装入机内、密封胶带是否已被取掉以及激光照射通道上是否有遮挡物。需要注意的是，检查时一定要将电源关闭，以免激光束损坏操作者的眼睛。

3）打印字迹偏淡。当墨粉盒内的墨粉较少，显影辊的显影电压偏低或墨粉感光效果差时，就会造成打印字迹偏淡的现象。此时，取出墨粉盒轻轻摇动，如果打印效果无改善，则应更换墨粉盒或调节打印机墨粉盒下方的一组感光开关，使之与墨粉的感光灵敏度匹配。

4）打印纸上重复出现污迹。此类现象有一定的规律性。由于一张纸通过打印机时，机内的12种轧辊转过不止1圈，最大的感光鼓转过2~3圈，输纸辊可能转过10圈，当纸上出现间隔相等的污迹时，可能是由脏污或损坏的轧辊引起的。

2. 喷墨打印机常见故障及排除方法

1）新墨盒装机后打印不出水，显示墨尽。

原因一：未按说明撕去标签。将标签完全揭去，勿残留，以便使空气从导气槽（孔）进入墨盒上部。如果装机后再取出墨盒撕去标签，则打印效果无法得到保证。

原因二：打印头内的金属弹片老化而接触不良，导致机器认为未装入墨盒。

此时，需请专业人员维修。

原因三：由墨盒内小气泡引起。利用打印机自洗程序清洗打印头1～3次即可，有时多次清洗打印头仍不能改善，不要取出墨盒，让它在机内暂放几小时，也可能改善。

2）打印时出现横纹、白条。

原因一：墨盒内有小气泡。利用打印机自洗程序清洗打印头1～3次即可，有时多次清洗打印头仍不能改善，不要取出墨盒，让它在机内暂放几小时，也可能改善。

原因二：墨盒内墨水已用完，旧款打印机无墨尽显示，此时需要更换新墨盒。

原因三：打印头内有脏物，启动清洗程序，清洗打印头。

原因四：打印机状态设置不正确，打印纸不配套，需按操作说明书重新设置。当需要高质量图片时，应使用喷墨纸，且设为高分辨率状态。

3）打印不久停止，或打印几次后不出墨，机器显示墨尽。大多数新款打印机有自动记数功能。如果墨盒未用完而将之取出，当装入新墨盒使用时，机器会在原来基础上继续计数，当数值累计达到规定的墨水消耗量时，打印机便自动停止不再打印。应确保旧墨盒已用尽再换新墨盒（当墨尽显示灯亮时才可以取出）。当这类故障出现时，可打开墨盒套夹然后再扣上，但最好不要取出墨盒，让机器感觉好像重新操作了一次更换墨盒的步骤，如果仍无法排除故障，应立即停止，以免损坏打印机。

4）打印头堵塞。

原因一：打印头未回到保护装置内，或未及时装入新墨盒，使打印头在空气中暴露太久而干结堵塞。打印完成后应确保打印头回到保护装置内，不能将打印头处于更换墨盒位置太久，而应马上插入新墨盒。

原因二：打印头已经损坏，此时应更换打印头。

5）颜色不正确或不清晰。

原因一：某种颜色的墨水已用完。解决办法是更换墨盒。

原因二：用了不匹配的打印纸。此时，应换成匹配的打印纸以及清洁打印头。

3. 针式打印机常见故障及排除方法

1）接通打印机电源，打印机报警，无法联机打印。出现这种现象与使用环境和日常维护有着很大的关系。如果使用的环境差、灰尘多，就较易出现该故障。所以一般情况下，打印机硬件损坏的可能性较小，只要关闭电源，用软纸把轴擦干净，再滴上机油后，反复移动打印头，把脏东西洗出、擦净，最后在干净的轴上滴上机油，用手移动打印头使机油分布均匀，开机即可正常工作。

2) 打印出的字符缺点少横，或者机壳导电。这种现象是由于打印机打印头扁平数据线磨损造成的。解决办法即更换扁平数据线。

3) 打印头断针。打印机断针是针式打印机最常见的故障之一。检测打印头是否断针，除了将打印头取下，查看有无断针（断针处有黑点，可较明显看出）之外，最简单的办法就是运行断针检测程序，如运行 UC DOS 下的断针检测免修程序 PA TC H2 4.COM，对于只有少数断针的情况，既可检测又可免修，对于断针数目较多的情况，就需要动手更换断针了。

4) 打印头没问题，但打印出的字符不清爽，特别是打印在蜡纸上。出现这种故障现象主要是因为打印机使用年限较长了，各部件的位置产生偏移，也可能打印针虽未断但因磨损变短，也可能打印机电路元件老化。只要拆开打印机，适当调节控制打印针力度的电位器即可。

你在日常生活中使用打印机时出现过什么故障？是如何排除的？

多功能一体机

多功能一体机是从两个方向发展起来的。一种是从打印机发展起来的，很多一体机又称为多功能打印机（MFP），其打印功能十分突出，打印质量、打印速度等往往是衡量此类产品的重要指标。此类产品是由激光打印机或喷墨打印机，再配备上扫描仪，构成打印、复印、扫描功能的"三合一"产品。

另一种是从传真机发展起来的，传真机本身同时具有数码扫描和打印能力，只是合成在一起，不能单独使用某一项功能。如果将扫描与打印分开，再增加与计算机的通信接口，那么就可成为多功能一体机。此类产品一般都具有打印、传真、复印、扫描、PC 传真、信息中心等多种功能。

> 基础训练

一、填空题

1. 激光打印机的技术指标主要有_____、_____、_____、内置字体、打印幅面、网络打印。

2. 打印机按工作原理的不同可分为_____、_____和_____。

3. 目前市场上喷墨打印机的喷墨方式分为两种：其一为_____喷墨，其二为_____喷墨。

4. 针式打印机是通过_____对_____机械撞击在打印介质上产生小点所组成的打印对象，从而实现相应的打印功能。

5. 打印机的安装一般分为两个部分，一个是_____，另一个就是在操作系统下_____。

二、选择题

1. 在各类打印机中，可以进行多层纸打印的打印机是（　　）。
   A. 喷墨打印机　　　　　　　　　　B. 激光打印机
   C. 针式打印机　　　　　　　　　　D. 以上都不是

2. 打印文本性文件时，分辨率最高、打印质量最好的打印机为（　　）。
   A. 针式打印机　　　　　　　　　　B. 喷墨打印机
   C. 热敏打印机　　　　　　　　　　D. 激光打印机

3. 下列属于击打式打印机的是（　　）。
   A. 针式打印机　　　　　　　　　　B. 激光打印机
   C. 喷墨打印机　　　　　　　　　　D. 热敏打印机

4. 关于打印机使用正确的是（　　）。
   A. 打印机上可以放置一些常用的资料或文件
   B. 打印机在使用时可以直接关闭电源
   C. 打印机在打印时请勿搬动、拖动、关闭电源
   D. 打印机可以连续长时间使用

5. 打印图片一般选用的打印机是（　　）。
   A. 喷墨打印机　　　　　　　　　　B. 激光打印机
   C. 针式打印机　　　　　　　　　　D. 以上都不是

三、简答题

1. 简述使用打印机的注意事项。
2. 简述针式打印机的工作原理。

学习任务二　投　影　仪

 学习目标

1. 了解投影仪的分类及主要技术指标。
2. 了解投影仪的工作原理及安装与维护基本知识。
3. 掌握使用投影仪的注意事项。
4. 了解投影仪的常见故障及排除方法。

 相关知识

投影仪又称为投影机，是一种利用光学元件将物体的轮廓放大，并将其投影到影屏上的光学仪器。它可以通过不同的接口与计算机、DVD、游戏机、数码摄像机等相连接，播放相应的视频信号，目前广泛应用于家庭、办公室、学校和娱乐场所。

一、投影仪的分类和主要技术指标

1. 投影仪的分类

随着社会的发展，投影仪越来越多地应用在我们的日常生活、工作、学习中。投影仪分类方式有很多，主要有按照应用环境、使用方式及接口类别三种常见分类方式。

（1）按照应用环境分类

1）家用投影仪。家用投影仪能够替代液晶显示器及电视屏幕，能够连接机顶盒、机箱，实现在线播放视频、玩游戏、浏览图片等功能，如图4-8所示。

2）便携式商务投影仪。在会议中或汇报工作时，常常要演示PPT，而投影仪是最合适的辅助工具，如图4-9所示。便携式商务投影仪的主要优点是携带方便，其质量为 2kg 左右。

图 4-8　家用投影仪

图 4-9　便携式商务投影仪

3）手机投影仪。手机投影仪是专门支持手机的投影仪，如图 4-10 所示，通过连接手机，可把手机屏幕上的内容扩大到几十英寸到上百英寸，以达到分享、观看视频和照片，进行游戏、娱乐等目的。

4）教学投影仪。教学投影仪是在教学中使用的投影工具，如图 4-11 所示，一般配有可圈画的遥控器，能够演示或标出投影画面中的重点内容，从而能够让学生理解教学内容，达到教学的目的。

图 4-10　手机投影仪

图 4-11　教学投影仪

5）专业剧院投影仪。专业剧院投影仪体积比较庞大，质量大，更注重稳定性，强调低故障率，分辨率、清晰度都比较高，在散热、网络功能等方面都做得比较好，如图 4-12 所示。

6）工程投影仪。工程投影仪相对普通投影仪来讲，其投影面积更大、距离更远、光亮度更高，而且一般支持多灯泡模式，能更好地适应大型多变的安装环境，对于教育、媒体和政府等单位也很适用，如图 4-13 所示。

（2）按照使用方式分类

按照使用方式的不同，投影仪可以分为台式投影仪、便携式投影仪、落地式投影仪等类型。

图 4-12　专业剧院投影仪

图 4-13　工程投影仪

（3）按照接口类别分类

按照接口类别的不同，投影仪可以分为 VGA 接口投影仪、HDMI 接口投影仪、带网口投影仪等类型。

2. 投影仪的主要技术指标

（1）亮度

亮度是指投影仪可以投射到投影幕上的光线强度，也就是实际能够看到的影片、游戏画面等投影图像的明亮程度。它的单位为 lm，大小是由灯泡的功率决定的。

根据实测结果得出的结论是，在 40~50m^2 的居室或会客厅，如果需要投射 100~200in 的画面，那么，投影仪的亮度应选择 1000~1500lm。如果室内采光良好，在白天看电影时，也不想做遮光，这种情况下，投影仪的亮度最好不要超过 2500lm。

（2）对比度

对比度是衡量一款投影仪投影质量的数据，它的重要性仅次于亮度。

对于投影仪而言，对比度越高，价格也随之增高，通常，2500~4000 的对比度就足以将影片中的色彩和层次很好地展现出来。

（3）分辨率

目前投影仪主要应用的分辨率有 SVGA（800×600 像素）和 XGA（1024×768 像素）以及 720P（1280×800 像素）和 1080P（1920×1080 像素）。

投影仪分辨率可按实际投影的需求来选择。一般教学以文字处理为主，可选择 XGA（1024×768 像素），若演示精细图像，如 CAD 效果图，则要选购 720P（1280×800 像素）甚至更高。家用投影，根据像素点越多，图像越清晰的原理，当然是选择 720P 或以上级别，建议在预算允许的情况下尽量选购 1080P 投影仪。

如何选购家用投影仪？

二、投影仪的工作原理及安装与维护

1. 工作原理

投影仪目前已广泛应用于演示和家庭影院中。在投影仪内部生成投影图像的元件有三类，根据元件的使用种类和数目，产品的特点也各不相同。投影仪应用场合广泛，不同场合对投影仪的要求不同。投影仪的内部构造如图 4-14 所示。

（1）成像原理

关于投影仪成像原理，基本上所有类型的投影仪都一样。投影仪先将光线照射到图像显示元件上以产生影像，然后通过镜头进行投影。投影仪的图像显示元件包括利用透光产生图像的透过型和利用反射光产生图像的反射型。无论哪一种类型，都是将投影灯的光线分成红、绿、蓝三色，再产生各种

图 4-14　投影仪的内部构造

颜色的图像。因为元件本身只能进行单色显示，所以就要利用三枚元件分别生成三色成分，然后再通过棱镜将这三色图像合成为一个图像，最后通过镜头投影到屏幕上。投影仪的成像工作原理如图 4-15 所示，投影仪成像示意图如图 4-16 所示。

（2）投影仪的成像特点

1）满足物距大于一倍焦距且小于两倍焦距（物距是指物体到凸透镜光心的距离；焦距是平行光入射时从透镜光心到光聚集点的距离）。

2）图像成倒立放大的实像。

3）成像左右相反。

2. 投影仪的安装调试

（1）安装

1）桌面摆放。桌面投影可以省去繁琐的安装步骤，只需要准备一张桌子，

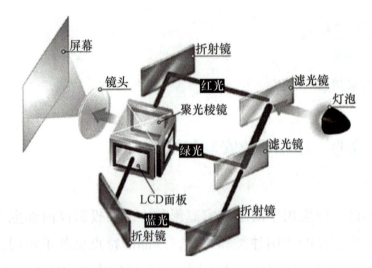

图 4-15 投影仪的成像工作原理

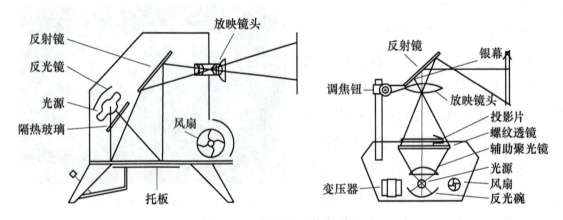

图 4-16 投影仪成像示意图

还可以购买一些专门用来摆放投影仪的可移动小车架,把投影仪放在上面,连上接线和电源就可以使用了。

2)吊装。投影仪采用吊装可以合理利用空间,但布线方面比较麻烦,而且需要在墙上打孔,在教学场所、会议室、影院等公共场所应用比较多。

3)支架摆放。这种方式相当于前两者的结合,同样需要在墙上打孔,但打孔位置不是在天花板上,而是在背靠的墙上,然后在墙上安装一个三角架或者小木柜摆放投影仪。

根据需求(便捷性、实用性)以及环境的限制确定投影仪的安装方式,确定投影的距离与画面尺寸。

(2)调试

投影仪安装完毕后,一般需要通过镜头对焦、灯泡光圈调试、信号输入、3D

投影模式调试、画面效果调试等步骤进行调试，使其达到预期的效果。

3. 计算机与投影仪的连接

（1）笔记本式计算机连接投影仪

1）先将笔记本式计算机和投影仪的电源接通。

2）然后将视频线、音频线以及其他连接线分别连好。

3）闭合投影仪和计算机的电源开关。

4）当上述的仪器都准备好之后，按下组合键〈Fn + F *〉，不同的计算机的功能键可能不一样，但是功能键上面都会有图标，一般是两个图标，表示可以互相切换。连接成功后，在投影幕上将会显示完整的计算机界面图像。

（2）台式计算机连接投影仪

通常，台式计算机连接投影仪的方法有两种。

1）投影仪连接计算机显卡（主机）接口，再将计算机显示器的 VGA 线连接到投影仪的输出接口（采用这种方法必须保证投影仪有 VGAOUT 接口）。

2）买个一分二的 VGA 分频器，分频器连接计算机显卡，两个输出中一个连接显示器、另一个连接投影仪。这种方法相对更好。

用台式计算机连接投影仪时，必须设置台式计算机的刷新率，刷新率要与投影仪的保持一致，然后单击投影仪上的"monitor"，投影仪上就有画面显示了。台式计算机的 VGA 线只能连接主机和投影仪，此时投影仪就是显示器，台式计算机与笔记本式计算机不一样，笔记本式计算机上有 VGA 口连接投影仪，切换一下就能投影了。如果希望投影仪和台式计算机显示器都能显示，那就在机箱上的 VGA 口插一个分屏器，分屏器上有多个 VGA 接口，一个连显示器，一个连投影仪即可。

4. 投影仪的维护

投影仪在日常使用过程中，为延长使用寿命，需要进行定期维护。维护的任务主要有以下几方面。

（1）镜头的清洁

投影仪的镜头上经常会落有灰尘，其实那并不会影响投影品质，若真的很脏，可用镜头纸擦拭干净。

（2）灯源部分

目前大部分投影仪使用金属卤素灯或新型冷光源灯泡，在点亮状态时，灯泡两端电压为 60~80V，球泡内气体压力大于 $10kgf/cm^2$（约为 0.98MPa），温度则有上千摄氏度，灯丝处于半熔状态。因此，在开机状态下严禁振动、搬移投影仪，以防灯泡炸裂，且投影仪停止使用后不能马上断开电源，要让机器散热完成后自动停机。另外，减少开机次数可延长灯泡寿命。

（3）散热的检查

投影仪在使用时一定要注意，其进风口与出风口是否保持畅通。用完投影仪一般不可以直接关闭总电源，让投影仪自然关机，可以大幅度延长其使用寿命。

（4）滤网的清洗

为了让投影仪有良好的使用状态，应定时清洗滤网（滤网通常在进风口处）。清洗时间视环境而定，一般办公室环境，约半年清洗一次。

（5）连接接口的检查

投影仪所提供的接口很多，所以就有很多的接线，在接信号线时，必须注意是否接对线、插对孔，以减少故障。

（6）遥控器的使用

遥控器使用完后，最好把电池取出，避免下次使用时没电。

5. 使用投影仪的注意事项

在使用投影仪过程中应主要注意以下几方面。

1）移动投影仪要注意轻拿轻放，避免挤压和振动。
2）尽量保持环境的干净、整洁和通风良好。
3）尽可能使用投影仪原装电缆、接线。
4）投影仪使用时要远离水或潮湿的地方。
5）注意防尘，可在咨询专业人员后采取防尘措施。
6）投影仪使用时要远离热源。
7）注意电源、电压的匹配及机器的地线和电源极性。
8）使用者不可自行维修和打开机体，内部电缆、零件更换尽量使用原配件。
9）注意要经常清洗进风口处的滤网，每月至少清洗一次。
10）在开机状态下严禁振动，以防灯泡炸裂。
11）投影仪停止使用后不能马上断开电源，要让机器散热完成后自动停机。
12）尽可能减少开机次数，以延长灯泡的使用寿命。
13）严禁带电插拔电缆，信号源与投影仪电源最好同时共地。
14）投影仪在不使用时，必须切断电源。

 想一想

在家里安装投影仪需要考虑哪些因素？应如何安装？

三、投影仪的常见故障及排除方法

投影仪在使用一段时间后，就会出现一些故障。下面简要介绍常见故障及排除方法。

1. 灯泡故障

通常，投影仪有动作但画面没有投射出来，可能是灯泡出了问题，可将灯泡取出观察是否有损坏或联系厂商的维修部门。灯泡故障无须维修，只需要将故障灯泡更换即可。

2. 电源没电

若主电源没电，可检查电源的熔断器有无问题，若没有问题，就是电源供应器损坏，需要联系厂商的维修部门修理或者更换。

3. 投射图像偏色

先检查 VGA 电缆，查看是否插好或接头的针是否损坏，若没有问题，则可能是光学系统出现了问题，需要联系厂商的维修部门进行修理。

4. 有画面没有信号

先检查连接线，再检查投影仪信号选择是否与信号源一致，若还是没有画面，则需要检查计算机传送信号是否正常。

5. 投影仪连不上计算机

1）分辨率不匹配。一般来说，投影仪的分辨率要比计算机的分辨率低一些，如果计算机的分辨率与投影仪不匹配，那么，投影仪连接计算机时自然没有反应。值得注意的是，即使计算机分辨率在投影仪可以接受的范围，显示的画面效果也不好。

2）接口错误。笔记本式计算机和投影仪的输出口都有 15 个，这 15 个接口需要相互对应，若接错则画面无法显示。

3）显卡驱动不支持。计算机显卡驱动是否支持，也是决定投影仪连接计算机时是否成像的重要因素，使用不当将会导致投影仪蓝屏。

6. 投影仪无信号

检查投影仪与计算机连接使用的是 VGA 线还是 HDMI 线。如果是 VGA 连接，

请检查投影仪是否选择了 VGA 或者计算机模式；如果是 HDMI 连接，请检查投影仪是否选择了 HDMI 模式，也就是检查信号源输入的选择。

连接的设备如果是台式计算机，需要根据投影仪的分辨率调整计算机分辨率。通常将刷新频率调至 60Hz 即可，有些更高，最好逐个试下。然后关机，重新使用 VGA 连接投影仪，再开机即可。连接投影仪的如果是笔记本式计算机，则需要按下键盘左下角的〈Fn + F*〉（F* 为 F1 ~ F12 中一个切换显示的按键）。通常，切换双显有三种模式，可以同时按下一次、两次、三次。如果以上操作没问题，投影仪仍显示无信号，则可以更换一根连接线试一试。

7. 投影仪设置了高分辨率不能变焦

投影仪自身的分辨率不能调节，若希望实现点对点输出，使投影仪输出的画面达到最清晰的状态，则可以调节与投影仪连接的外接设备的分辨率。若投影仪的分辨率是 XGA，那么可以设置计算机的分辨率也为 XGA，那么投影画面会非常清楚。操作过程如下：

1）在桌面上右击鼠标，选择"属性"中的"设置"。

2）找到"显示器1"和"显示器2"，其中"显示器1"中显示的是计算机现在的分辨率，"显示器2"则是连接的外部显示设备（投影仪、外接显示器等）。

3）把"显示器2"的分辨率调得和"显示器1"一样就可以了，部分情况还需要设置投影仪的分辨率。注意，显示器的分辨率不能大于投影仪的分辨率，否则画面虽然可以显示，但是会非常的不清楚。

8. 接通电源后无任何反应

投影仪在接通电源后，没有任何反应，说明投影仪的电源供电部分很可能发生了问题。应该先检查一下投影仪的外接电源规格是否与投影仪所要求的标准相同，如外接电源插座没有接地，或者投影仪使用的电源连接线不是投影仪随机配备的，这些都有可能造成投影仪电源输入不正常。一旦确定外接电源正常，就可以断定投影仪内部供电电路已发生损坏，此时只能更换新的投影仪内部供电电源。

延伸阅读

投影仪的光源

投影仪所使用的光源包括传统的高强度气体放电光源（例如，超高压汞灯、短弧氙灯、金属卤素灯）及以 LED 光源和激光光源为代表的新型光源。

使用传统光源的投影仪通常在使用一段时间后，随着光源出射光的衰减，其投影图像会变暗变黄（如亮度衰减，色彩饱和度、对比度降低等），在对图像质量要求较高的使用场合，即使灯泡仍在发光，也不得不因此而更换灯泡。所以，"光衰"成为使用传统光源的投影仪无法逾越的一个主要障碍。

随着半导体照明技术及激光技术的发展，LED 光源及激光光源不仅在照明领域得以迅速发展，在显示领域也得到了广泛的应用。LED 是新型光源中最早被用于投影仪的产品。LED 可以使投影仪的成像结构更加简单，因此采用 LED 光源的投影仪产品尺寸较小、易于携带、使用简单，给教学、商务和个人娱乐带来了很大的便利。激光是一种全新的投影光源，它的出现解决了使用传统光源的投影仪在亮度衰减、色彩、功耗等方面的问题，同时，由于其属于冷光源，具有即开即亮的特点，从根本上消除了使用传统光源需要开机等待以及发光不稳定的现象。

基础训练

一、填空题

1. 投影仪，又称为_____，是一种利用光学元件将物体的轮廓放大，并将其投影到影屏上的光学仪器。

2. 按照接口类别的不同，投影仪可以分为_____投影仪、_____投影仪、带网口投影仪等类型。

3. 投影仪亮度的单位为_____，大小是由灯泡的功率决定的。

4. 投影仪主要应用的分辨率有_____和_____以及 720P（1280×800 像素）和 1080P（1920×1080 像素）。

5. 为了让投影仪有良好的使用状态，应定时_____。清洗时间视环境而定，一般办公室环境，约_____清洗一次。

二、选择题

1. 投影仪的亮度是由（　　）决定的。
   A. 灯泡功率　　　　　　　　B. 灯泡材料
   C. 灯泡寿命　　　　　　　　D. 对比度

2. 以下关于投影仪的使用正确的是（　　）。

A. 投影仪电源支持热插拔

B. 投影仪镜头脏了可以用抹布直接擦拭

C. 投影仪在不用时应该切断电源

D. 投影仪可以经常在振动和噪声比较大的环境中使用

3. 关于投影仪灯泡的说法正确的是（　　）。

A. 灯泡可以无限使用，寿命很长

B. 投影仪在工作的过程中突然断电，灯泡可能会损坏

C. 投影仪的灯泡亮度不是越高越好

D. 投影仪的灯泡的亮度单位一般用 lm

4. 关于对比度，你认为正确的是（　　）。

A. 对比度是衡量投影仪质量最重要的性能指标

B. 对比度越高越好

C. 一般来讲，投影仪的对比度越高，价格越昂贵

D. 对比度的高低与投影效果无关

5. 投影仪的成像特点是满足物距大于一倍焦距且小于（　　）焦距。

A. 一倍　　　　　B. 两倍　　　　　C. 1.5 倍　　　　　D. 三倍

三、简答题

1. 简述投影仪的技术指标。

2. 简述投影仪的使用注意事项。

学习任务三　传　真　机

学习目标

1. 了解传真机的分类及技术指标。
2. 了解传真机的工作原理及使用注意事项。

相关知识

传真机是应用扫描和光电变换技术，把文字、图表、照片等静止的图像转换

成电信号，传送到接收端，以记录形式进行复制的通信设备。传真机能直观、准确地再现真迹，并能传送不易用文字表达的图表和照片，其操作简便，在我们日常的工作和生活中得到了广泛的应用，特别是企业与企业、企业与个人、个人与个人之间要传递重要信息、图片、图样等，都可以用传真机来完成。随着大规模集成电路、微处理机技术、信号压缩技术的应用，传真机正朝着自动化、数字化、高速、保密和体积小、质量轻的方向发展。

一、传真机的分类及技术指标

1. 传真机的分类

传真机的分类方法有很多，其中按照用途、传送色彩、占用频带数量及传输速度和调制方式等进行分类是比较常用的分类方式。

（1）按照用途分类

按照用途的不同，传真机可以分为相片传真机、报纸传真机、气象传真机和文件传真机等类型。

1）相片传真机是一种用于传送包括黑和白在内全部光密度范围的连续色调图像，并用照相记录法复制出符合一定色调密度要求的副本的传真机。相片传真机主要适合于新闻、军事、医疗等部门使用。

2）报纸传真机是一种用扫描方式发送整版报纸清样，接收端利用照相记录法复制出供制版印刷用的胶片的传真机。

3）气象传真机是一种传送气象云图和其他气象图表用的传真机，又称为天气图传真机，主要用于气象、军事、航空、航海等部门传送和复制气象图和云图等。

4）文件传真机是一种以黑和白两种光密度级复制原稿的传真机，主要适用于远距离复制手写、打字或印刷的文件、图表，以及复制色调范围在黑和白两种界限之间具有有限层次的半色调图像，它广泛应用于办公、事务处理等领域。

（2）按照传送色彩分类

按照传送色彩的不同，传真机分为黑白传真机和彩色传真机。

（3）按照占用频带数量分类

按照占用频带数量的不同，传真机分为窄带传真机和宽带传真机。其中，窄带传真机只占用1个话路频带，而宽带传真机可以占用12个话路、60个话路或更宽的频带。

（4）按照传输速度和调制方式分类

对于窄带传真机（占用 1 个话路频带的文件传真机），按照不同的传输速度和调制方式可分为以下几类。

1）采用双边带调制技术，每页（16 开）传送时间约为 6min 的，称为一类机。

2）采用频带压缩技术，每页传送时间约为 3min 的，称为二类机。

3）采用减少信源多余度的数字处理技术，每页传送时间约为 1min 的，称为三类机。

4）将可与计算机联网、能储存信息、传送速度接近于实时的传真机称为四类机。

2. 传真机的主要技术指标

目前市面上的传真机功能总数多达三四十种，而真正决定传真机性能高低的技术指标主要有分辨率、有效记录幅面、发送时间和灰度级四项。

（1）分辨率

分辨率又称为清晰度、解像度、扫描密度，是衡量传真机对原稿中细小部分再现程度高低的一项指标，它是以每毫米像素点数（水平）和扫描行数（垂直）来表示的。

（2）有效记录幅面

有效记录幅面可分为 A4（210mm×297mm）和 B4（176mm×252mm）两种。

（3）发送时间

发送时间又称为发送速度，是指传真机发送一项标准 A4 幅面的稿件所需要的时间，通常分为 23s、18s、15s、9s 和 6s 等几种。一般用户应选用传送时间不超过 15s 的传真机。

（4）灰度级

灰度级又称为中间色调，它是反映图像亮度层次、黑白对比变化的技术指标。目前，传真机的灰度级有三种：16 级、32 级和 64 级。选购时，以 64 级为最佳。

日常生活中的哪些场合需要使用传真机？

二、传真机的工作原理及维护与保养

1. 传真机的工作原理

传真机以方便、快捷、准确和通信费用低等优势,成为企事业单位必不可少的通信工具。

传真机的工作原理比较简单。首先,通过光电扫描技术将图像、文字经过哈夫曼编码方式转换为一系列黑白点信息,该信息再转换为音频信号,然后通过传统电话线进行传送。接收方的传真机接到信号后,会将信号复原,然后打印出来,这样,接收方就会收到一份原发送文件的复印件。传真机的工作原理如图4-17所示。

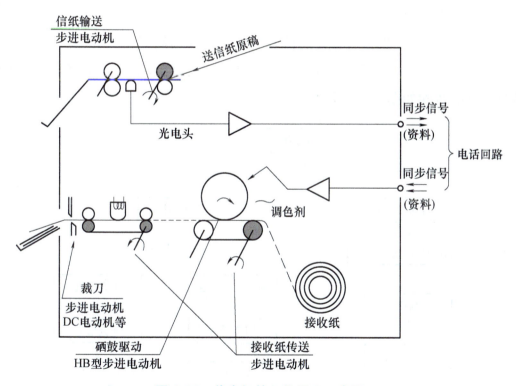

图4-17 传真机的工作原理示意图

不同类型的传真机在接收到信号后的打印方式是不同的,它们的工作原理也相应有所区别。

（1）热敏纸传真机（也称为卷筒纸传真机）

热敏纸传真机是通过热敏打印头将打印介质上的热敏材料熔化变色,生成所需的文字和图形。热转印从热敏技术发展而来,它通过加热转印色带,使涂敷于色带上的墨转印到纸上形成图像。最常见的传真机中应用了热敏打印方式。

（2）激光式普通纸传真机（也称为激光一体机）

激光式普通纸传真机是利用碳粉附着在纸上而成像的一种传真机。其工作原理主要是通过控制激光束的开启和关闭，从而在硒鼓上产生带电荷的图像区，此时传真机内部的碳粉会受到电荷的吸引而附着在纸上，形成文字或图像。

（3）喷墨式普通纸传真机（也称为喷墨一体机）

喷墨式传真机的工作原理与点阵式打印相似，是由步进电动机带动打印喷头左右移动，把从打印喷头中喷出的墨水依序喷布在普通纸上完成打印的工作。

2. 传真机的使用与维护

传真机是商务办公的重要沟通手段，科学地使用与维护可以有效延长其使用寿命。下面简要介绍传真机的使用与维护知识。

（1）传真机的使用

1）接收文件：如果是对方要发传真给你，拿起话筒后按"传真/复印/输入"键（一般是绿色的），然后放下电话，对方收到传真信号后就会开始传真。传真机接收文件的步骤如图4-18所示。

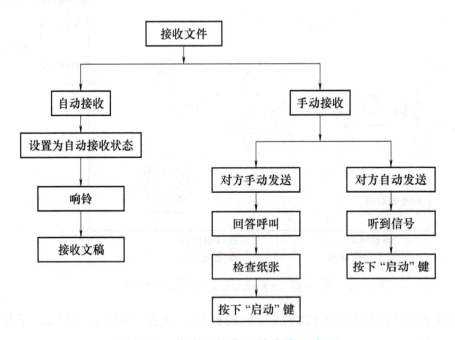

图4-18　传真机接收文件步骤示意图

2）发送文件：如果是你要发传真给别人，首先输入对方的传真号码，听到"哔哔"的声音后，按传真机的"传真/复印/输入"键（也可以不挂上电话）就可以发传真了。传真机发送文件的步骤如图4-19所示。

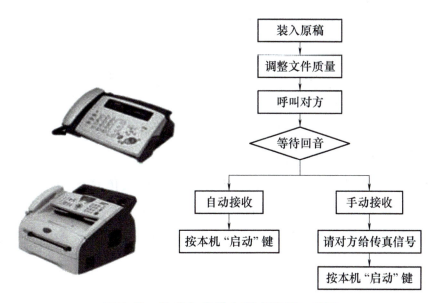

图 4-19　传真机发送文件步骤的示意图

（2）传真机的维护

传真机的日常维护主要就是对传真机部件的定期清洁，一般建议每半年对其内部进行一次清洁。同时，在雷电等极端天气的条件下应该避免使用传真机，并切断传真机的电源。

对传真机进行清洁保养时，外部一般用柔软的干布擦拭即可。对于传真机内部，除了每半年将合纸仓盖打开使用干净柔软的布或蘸酒精的纱布擦拭打印头外，还需要对滚筒及其他部件使用清洁的软布或蘸酒精的纱布进行清洁保养。需要小心的是，不要将酒精滴入机器中。传真机内的感热记录头等部件需要专门的工具或者专业人员进行清洁处理。

3. 传真机使用注意事项

1）启用传真机以前，应当仔细阅读使用说明书，以便更好地使用传真机。

2）非专业人员不能拆卸传真机部件，如果接触设备内部暴露的电接点将引起电击。请将传真机交给当地经授权的传真机维修商维修。

3）传真机只能在水平的、坚固的、稳定的台面上运行。

4）在传真机的背面和底面均有通风孔。为避免传真机过热（将引起运转反常），请不要堵塞和盖住这些孔洞。不应将传真机置于床上、沙发上、地毯上或其他类似的柔软台面上。传真机不应靠近暖风或热风机，也不应放在壁橱内、书柜上及其他类似通风不良的地方。

5）传真机所用电源只能是设备上标注所指定的电源类型。

6）应确认插在墙面电源插座上的所有设备所用的总电流不超过插座断路器的电流整定值。

7）不允许电源软线挨靠任何物品。不要将传真机放置在电源软线会被踩到的地方。确认电源软线无绞缠、打结。

8）不要使传真机靠近水或其他液体，如果设备上或设备内溅水，应立即切断电源，并联系当地经授权的传真机维修商。

9）不要使小件物品（如大头针、订书钉等）掉入传真机内，如果不慎掉入应立即拔去设备电源插头，并联系当地经授权的传真机维修商。

10）纸屑、灰尘在传真机内部积蓄会影响打印质量，请定期清洁传真机的打印区域。

选购传真机时应注意哪些事项？

三、传真机常见故障及排除方法

1. 打印时全白

1）热敏纸传真机：检查记录纸正反面是否安装错误，可以将记录纸反面放置再重新尝试。热敏纸传真机所使用的记录纸只有一面涂有化学药剂，因此如果放置错误，在接收传真时将不会印出任何文字或图片。

2）喷墨式普通纸传真机：有可能是喷头堵塞，可以通过清洁喷头或更换墨盒来解决。

2. 无法进纸或输出

首先，要检查进纸器部分是否有异物阻塞，还有可能是原稿位置扫描传感器失效，进纸滚轴间隙过大等原因造成。另外，应检查发送电动机是否转动，若不转动，则需检查与电动机有关的电路及电动机本身是否损坏。

3. 电话使用正常，但无法收发传真

如果电话与传真机共享一条电话线，就要先检查电话线是否连接错误。有可能是将电话线插入了传真机上标示"LINE"的插孔，应将电话线插入传真机上标示"TEL"的插孔。

4. 传真机卡纸

卡纸是最常见的故障之一，特别是使用受潮、太薄或太厚的纸张都很容易出现卡纸故障。当出现卡纸时，要注意取纸的方法，只可扳动传真机说明书上允许扳动的部件，不要盲目拉扯上盖。而且尽可能一次将整张纸取出，不要把破碎的纸片留在传真机内。

5. 出现黑线或白线

当传真或打印时，纸张上出现了黑线。如果使用的是CCD传真机，则有可能是反射镜头脏污，如果使用的是CIS传真机，则可能是透光玻璃脏污。这时，可根据传真机使用手册说明用棉球或软布蘸酒精清洁即可。清洁后问题仍无法解决，就需要把传真机送修。

当传真或打印时，纸张上出现了白线，通常是由于热敏头（TPH）断丝或沾有污物。如果是断丝，则应更换相同型号的热敏头。如果有污物，可用棉球清除。

6. 接收到的传真字体变小

现在的传真机会带有压缩功能，就是将字体缩小以达到节省纸张的目的，但会与原稿版面不同，出现该现象时，可以参考说明书将该功能关闭或恢复出厂默认值。

7. 接通电源后报警声不停响

出现报警声不停响通常都是由于主电路板检测到整机有异常情况。这时，应先检查纸仓是否有纸，且纸张放置是否到位；然后检查纸仓盖、前盖等是否打开或合上时不到位；检查各个传感器是否完好；检查主电路板是否有短路等异常情况。

8. 传真机每次都会多页传送

每次多页传送是一种十分常见的故障现象，引起这种故障的可能原因有多种。例如，纸张传送部分的传动金属片发生变形就会产生这种故障，因此，一旦发现传动金属片发生变形，应立即对它进行调整甚至重新更换一个新的传动金属片。如果传真机的面盖没有正确盖好，也常会造成每次多页传送的故障现象。

日常生活中在哪些方面用到了传真机？

> **延伸阅读**
>
> ### 钟摆的启示
>
> 　　传真技术的起源说来很奇怪，它不是有意探索新的通信手段的结果，而是从研究电钟的过程中衍生出来的。1842 年，苏格兰人亚历山大·贝恩研究制作一种用电控制的钟摆结构，目的是要构成由若干个钟互连起来同步的钟，就像现在的母子钟那样的主从系统。他在研制的过程中敏锐地注意到一种现象，就是这个时钟系统里的每一个钟的钟摆在任何瞬间都在同一个相对的位置上。
>
> 　　这个现象使发明家想到，如果能利用主摆使它在行程中通过由电接触点组成的图形或字符，那么这个图形或字符就会同时在远距主摆的一个或几个地点复制出来。根据这个设想，他在钟摆上加上一个扫描针，起着电刷的作用；另外加一个时钟推动的一块信息板，板上有要传送的图形或字符，它们是电接触点组成的；在接收端的信息板上铺一张电敏纸，当指针在纸上扫描时，如果指针中有电流脉冲，纸面上就出现一个黑点。发送端的钟摆摆动时，指针触及信息板上的接点时，就发出一个脉冲。信息板在时钟的驱动下，缓慢地向上移动，使指针一行一行地在信息板上扫描，把信息板上的图形变成电脉冲传送到接收端；接收端的信息板也在时钟的驱动下缓慢移动，这样就在电敏纸上留下了与发送端一样的图形。这就是一种原始的电化学记录方式的传真机。

基础训练

一、填空题

1. 传真机按用途的不同分为_____、_____、_____和_____等类型。

2. 报纸传真机是一种_____发送整版报纸清样，接收端利用照相记录法复制出供制版印刷用的胶片的传真机。

3. 传真机是应用_____和_____技术，把文件、图表、照片等静止的图像转换成电信号，传送到接收端，以记录形式进行复制的通信设备。

4. 传真机技术指标主要有_____、有效记录幅面、_____和灰度级四项。

5. 热敏纸传真机是通过_____将_____上的热敏材料熔化变色，生成所需的文字和图形。

二、选择题

1. 不同类型的传真机在接收到信号后的（　　）是不同的。

A. 扫描方式　　　　　　　　　　B. 打印方式

C. 输出方式　　　　　　　　　　D. 输入方式

2. 传真机只能在（　　）、坚固的、稳定的台面上运行。

A. 倾斜的　　　　　　　　　　　B. 垂直的

C. 平整的　　　　　　　　　　　D. 水平的

3. 传真机以方便、快捷、准确和（　　）等优势，成为企事业单位必不可少的通信工具。

A. 通信费用极高　　　　　　　　B. 通信费用极低

C. 通信费用高　　　　　　　　　D. 通信费用低

4. 传真机按照传输速度和调制方式分（　　）大类。

A. 一　　　　B. 两　　　　C. 三　　　　D. 四

5. 传真机按照传送色彩分为（　　）和彩色传真机

A. 黑白传真机　　B. 文件传真机　　C. 报纸传真机　　D. 相片传真机

三、简答题

1. 使用传真机有哪些注意事项？
2. 简述传真机的工作原理。

项目五　现代新兴技术

机电设备的迅猛发展得益于各种现代新兴技术的快速发展和广泛应用。智能化是现代机电设备最典型的发展趋势，它将智能科学与互联网、大数据等完美结合并深度融合，使机电设备成为其中一个个不同单元或者节点。它在为人类提供便捷服务的同时，也为各个节点上的人流、物流、信息流提供了更加有效的结合途径。目前，各种新兴技术参与和衍生的新的业态已经广泛应用于产品生产、交通运输、医疗卫生等日常生活的各个领域。了解和掌握现代新兴技术的发展状况对于从事机电专业领域的专业人才是非常必要的。

下面就简要介绍一下现代新兴技术领域发展比较迅速的物联网和人工智能方面的相关知识。

学习任务一　物　联　网

学习目标

1. 了解物联网的定义及发展。
2. 熟悉物联网的特性及应用。

相关知识

物联网是近几年迅速发展并为人们所熟知的概念，被公认为是继计算机、互联网、移动通信后世界信息产业革命的新一次浪潮，被认为是下一个万亿级产业。其市场前景预期将远远超过计算机、互联网和移动通信，必将成为世界经济的新增长点，为未来社会经济发展、社会进步和科技创新提供最重要的基础设施保障，也必将彻底改变人们的生活方式。因此，各国齐头并进，相继推出区域战略规划，并纷纷研究相关技术，制定技术标准。在我国，物联网产业正在逐步成为各地战略性新兴产业发展的重要领域。

我国物联网校企联盟将物联网定义为当下几乎所有技术与计算机、互联网技术的结合，实现物体与物体之间的环境及状态信息实时的共享，以及智能化的收集、传递、处理、执行。广义上说，当下涉及信息技术的应用都可以纳入物联网的范畴。物联网的概念已经是一个"中国制造"的概念，它的覆盖范围与时俱进，已经超越了1999年Ashton教授和2005年国际电信联盟（ITU）报告所指的范围，物联网已被贴上"中国式"标签。

一、物联网的定义、分类及发展历程

1. 物联网的定义

（1）欧盟对物联网的定义

物联网科普概述

2009年9月，在北京举办的"物联网与企业环境中欧研讨会"上，欧盟委员会信息和社会媒体司RFID部门负责人Lorent Ferderix博士给出了欧盟对物联网的定义：物联网是一个动态的全球网络基础设施，它具有基于标准和互操作通信协议的自组织能力，其中物理的和虚拟的"物"具有身份标识、物理属性、虚拟的特性和智能的接口，并与信息网络无缝整合。物联网将与媒体互联网、服务互联网和企业互联网一道，构成未来互联网。

（2）我国对物联网的定义

物联网指的是将无处不在的末端设备和设施，包括具备"内在智能"的传感器、移动终端、工业系统、楼控系统、家庭智能设施、视频监控系统等，和"外在使能"的，如贴上射频识别（RFID，俗称电子标签）的各种资产、携带无线终端的个人与车辆等"智能化物件或动物"或"智能尘埃"，通过各种无线、有线的长距离和短距离通信网络实现互联互通、应用大集成以及基于云计算的软件即服务（SaaS）营运等模式，在内网、专网或互联网环境下，采用适当的信息安全保障机制，提供安全可控乃至个性化的实时在线监测、定位追溯、报警联动、调度指挥、预案管理、远程控制、安全防范、远程维保、在线升级、统计报表、决策支持、领导桌面等管理和服务功能，实现对"万物"的"高效、节能、安全、环保"的"管、控、营"一体化。

目前对物联网还没有一个统一的标准定义，但从本质上看，物联网是现代信息技术发展到一定阶段后出现的一种聚合性应用与技术提升，将各种感知技术、现代网络技术和人工智能与自动化技术聚合与集成应用，使人与物智慧对话，从而创造一个智慧的世界。

物联网（Internet of Things，IoT）即"万物相连的互联网"，是在互联网基础上延伸和扩展的网络，是将各种信息传感设备与互联网结合起来而形成的一个巨大的网络，能实现在任何时间、任何地点，人、机、物的互联互通。

物联网技术被称为是信息产业的第三次革命性创新。物联网的本质概括起来主要体现在三个方面：一是互联网特征，即对需要联网的"物"一定要能够实现互联互通的互联网络；二是识别与通信特征，即纳入物联网的"物"一定要具备自动识别与物物通信（M2M，是指机器对机器，将数据从一台终端传送到另一台终端，也就是机器与机器的对话）的功能；三是智能化特征，即网络系统应具有自动化、自我反馈与智能控制的特点。

（3）"物品"进入物联网需要的条件

物联网的"物"要满足以下条件才能够被纳入"物联网"的管理范围。

1）要有相应信息的接收器。

2）要有数据传输通路。

3）要有一定的存储功能。

4）要有CPU。

5）要有操作系统。

6）要有专门的应用程序。

7）要有数据发送器。

8）要遵循物联网的通信协议。

9）要在世界网络中有可被识别的唯一编号。

2. 物联网的分类

1）私有物联网：一般面向单一机构内部提供服务。

2）公有物联网：基于互联网向公众或大型用户群体提供服务。

3）社区物联网：向一个关联的"社区"或机构群体（如一个城市政府下属的各委办局：公安局、交通局、环保局、城管局等）提供服务。

4）混合物联网：是上述的两种或两种以上物联网的组合，但后台有统一运维实体。

3. 物联网的背景和发展

物联网的发展历程大致可分为诞生、兴起和大发展三个阶段,如图 5-1 所示。

物联网发展历程见表 5-1。2010 年 1 月,欧洲智能系统集成技术平台 (EPoSS) 在 *Internet of Things in 2020*

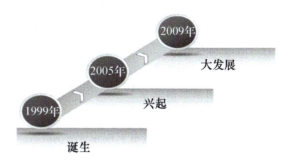

图 5-1 物联网发展阶段示意图

报告中分析预测,未来物联网的发展将经历四个阶段,即 2010 年之前,RFID 被广泛应用于物流、零售和制药领域;2010—2015 年,物体互联;2015—2020 年,物体进入半智能化;2020 年之后,物体进入全智能化。

表 5-1 物联网发展历程表

时 间	事 件
1999 年	美国召开的移动计算和网络国际会议上首先提出物联网(Internet of Things)这个概念。提出了结合物品编码、RFID 和互联网技术的解决方案。当时基于互联网、RFID 技术、产品电子代码(EPC)标准,构造了一个实现全球物品信息实时共享的实物互联网,并指出"传感网是下一个世纪人类面临的又一个发展机遇" 同年,中国科学院启动了传感网的研究,并已取得一些科研成果,建立了一些适用的传感网
2005 年	在突尼斯举行的信息社会世界峰会(WSIS)上,国际电信联盟(ITU)发布《ITU 互联网报告 2005:物联网》,引用了"物联网"的概念。物联网的定义和范围已经发生了变化,覆盖范围有了较大的拓展,不再只是指基于 RFID 技术的物联网。报告指出,无所不在的"物联网"通信时代即将来临,世界上所有的物体,从轮胎到牙刷、从房屋到纸巾都可以通过 Internet 主动进行交换。射频识别(RFID)技术、传感器技术、纳米技术、智能嵌入式技术将得到更加广泛的应用。物联网概念的兴起,很大程度上得益于国际电信联盟 2005 年以物联网为标题的年度互联网报告
2009 年	IBM 首席执行官彭明盛首次提出"智慧的地球"这一概念,建议政府投资新一代的智慧型基础设施。当年,美国将新能源和物联网列为振兴经济的两大重点。2009 年 2 月 24 日的 2009IBM 论坛上,IBM 大中华区首席执行官钱大群公布了名为"智慧的地球"的最新策略 同年 9 月,我国在南京邮电大学成立全国高校首家物联网研究院、物联网学院,同时将物联网列为五大新兴产业之一,加大资金和技术投入,初步建成标准体系框架 2009 年 11 月,在无锡成立中国物联网研究发展中心
2010 年	无锡物联网产业研究院在江苏软件外包园落户,江苏无锡高新技术产业开发区正式获批为国家电子信息(物联网)示范基地

(续)

时间	事件
2011 年	市场研究机构将物联网添加到它们的"炒作周期"中，这是一个用来衡量一项技术受欢迎程度与其实际效用的项目
2013 年	谷歌眼镜（GoogleGlass）发布，这是物联网和可穿戴技术的一个革命性进步
2014 年	亚马逊发布了 Echo 智能扬声器，为进军智能家居中心市场铺平了道路。在其他新闻中，工业物联网标准联盟的成立证明了物联网有可能改变任何制造和供应链流程的运行方式
2015 年	被广泛应用于物流、零售和制药等多个领域，实现物体互联
2016—2019 年	物联网开发变得更便宜、更容易，也更被广泛接受，从而导致整个行业掀起了一股创新浪潮。自动驾驶汽车不断改进，区块链和人工智能开始融入物联网平台，智能手机、宽带普及率的提高将继续使物联网成为未来一个吸引人的价值主张，社会进入半智能化物体物联时代
2020 年之后	随着物联网等相应技术的快速发展及运用，全球将进入全智能化物体物联社会

想一想

物联网与因特网的区别与联系分别是什么？

二、物联网的结构特点及建设应用

1. 物联网的结构特点

物联网的体系结构被普遍认为是三层，即感知层、传输层和应用层，具体结构如图 5-2 和图 5-3 所示。

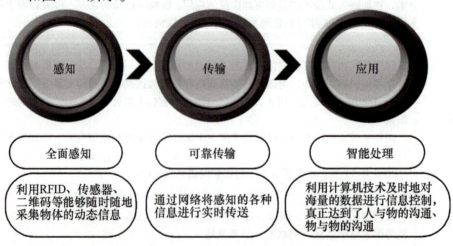

图 5-2 物联网体系架构图

项目五 现代新兴技术

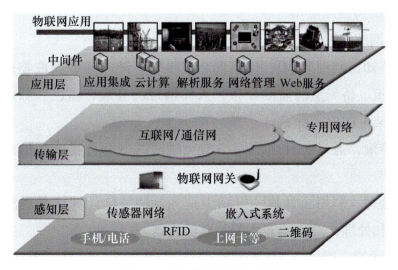

图 5-3 物联网网络架构图

物联网各部分功能、组成及关键技术可参考表 5-2。

表 5-2 物联网各部分功能、组成及关键技术

名称	功能	组成	关键技术
感知层	主要完成信息的采集、转换和收集	传感器（或控制器）、短距离传输网络传感器（或控制器），用来进行数据采集及实现控制	主要为传感器技术和短距离传输网络技术
传输层（网络层）	主要完成信息传递和处理	两个部分：接入单元和接入网络。接入单元是连接感知层的桥，它汇聚从感知层获得的数据，并将数据发送到接入网络。接入网络即现有的通信网络，包括移动通信网、有线电话网、有线宽带网等。通过接入网络，人们将数据最终传入互联网	包含了现有的通信技术，如移动通信技术、有线宽带技术、公共交换电话网（PSTN）技术、Wi-Fi 通信技术等，也包含了终端技术，如实现传感网与通信网结合的网桥设备、为各种行业终端提供通信能力的通信模块等
应用层	主要完成数据的管理和数据的处理，并将这些数据与各行业应用相结合	物联网中间件、物联网应用。物联网中间件是一种独立的系统软件或服务程序。中间件将许多可以公用的能力进行统一封装，提供给丰富多样的物联网应用，主要包括家庭物联网应用，如家电智能控制、家庭安防等；企业和行业应用，如石油监控应用、电力抄表、车载应用、远程医疗等	主要是基于软件的各种数据处理技术，此外，云计算技术作为海量数据的存储、分析平台，也将是物联网应用层的重要组成部分

221

2. 物联网的特性及应用

（1）物联网的特性

1）全面感知，利用 RFID、传感器、二维码等随时随地获取物体的信息，如装载在高层建筑、桥梁上的监测设备，人体携带的心跳、血压、脉搏等监测医疗设备，商场货架上的电子标签。

2）可靠传输，通过各种电信网络与互联网的融合将物体的信息实时、准确地传递出去。

3）智能处理，利用云计算、模糊识别等各种智能计算技术对海量的数据和信息进行分析和处理，对物体实施智能化的控制。

（2）物联网的应用

物联网技术是一项综合性的技术，是一个系统。目前我国还没有哪家公司可以全面负责物联网的整个系统规划和建设，虽然理论上的研究已经在各行各业展开，但实际应用还仅局限于行业内部。关于物联网的规划和设计及研发关键在于 RFID、传感器、嵌入式软件和传输数据计算等领域的研究。一般来讲，物联网的开展步骤主要如下：一是对物体属性进行标识，包括静态和动态属性，静态属性可以直接存储在标签中，动态属性需要由传感器实时探测；二是需要识别设备完成对物体属性的读取，并将信息转换为适合网络传输的数据格式；三是将物体的信息通过网络传输到信息处理中心（处理中心可能是分布式的，如家用计算机或者手机，也可能是集中式的，如中国移动的互联网数据中心），由处理中心完成物体通信的相关计算。

物联网的应用领域涉及方方面面，如图 5-4 所示，在工业、农业、环境、交通、物流、安保等基础设施领域的应用，有效地推动了这些领域的智能化发展，使得有限的资源更加合理地使用、分配，从而提高了行业效率、效益。物联网在家居、医疗健康、教育、金融与服务业、旅游业等与生活息息相关领域的应用，使得服务范围、服务方式、服务质量等方面都有了极大的改进，大大提高了人们的生活质量。涉及国防军事领域方面，物联网应用带来的影响也不可小觑，大到卫星、导弹、飞机、潜艇等装备系统，小到单兵作战装备，物联网技术的嵌入有效提升了军事智能化、信息化、精准化，极大提升了军事战斗力，是未来军事发展的关键。

物联网技术在道路交通方面的应用比较成熟，例如，在高速路口设置道路自动收费系统（简称 ETC），能提升车辆的通行效率；在公交车上安装定位系统，

图 5-4 物联网应用

能及时了解公交车行驶路线及到站时间；智慧路边停车管理系统能提高车位利用率和停车的便捷性等，这些都是基于物联网技术的应用。图 5-5 所示为智能交通的应用。

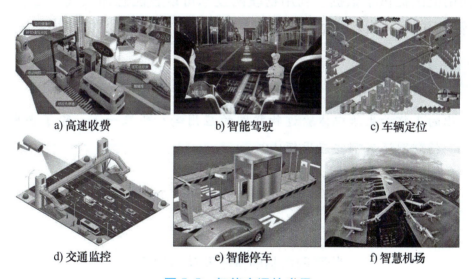

图 5-5 智能交通的应用

随着宽带业务的普及，物联网在家庭中的基础应用发展迅速。智能家居产品涉及方方面面，主要应用见表 5-3。

表 5-3 常用智能家居应用

智能家居产品	说　　明
智能空调等电器	利用手机等客户端远程操作家用电器
智能灯	通过客户端实现智能灯的开关、调控

(续)

智能家居产品	说　　明
插座内置 Wi-Fi	实现遥控插座定时通断电
智能体重秤	监测运动效果，监测血压、脂肪量等，根据身体状态提出健康建议
智能摄像头、智能门铃	家庭监控、防盗提示等

（3）公共安全

近年来，全球气候异常情况频发，灾害的突发性和危害性进一步加大，物联网可以实时监测环境的变化，提前预防、实时预警灾害及环境的危害性变化，使得人类可以及时采取应对措施，降低灾害对人类生命财产的威胁。美国布法罗大学早在 2013 年就提出研究深海互联网项目，将经过特殊处理的感应装置置于深海处，分析水下相关情况，进行海洋污染的防治、海底资源的探测，甚至对海啸也可以提供更加可靠的预警。该项目在当地湖水中进行试验，取得了成功，为进一步扩大使用范围提供了依据。利用物联网技术可以智能感知大气、土壤、森林、水资源等方面的各项指标数据，为改善人类生活环境发挥了巨大作用。

在你的工作和生活中体验过物联网的应用吗？想象一下，除了书中介绍的内容，物联网还有哪些应用领域？

物联网面临的挑战及认识误区

虽然物联网近年来的发展已经渐成规模，各国都投入了巨大的人力、物力、财力来进行研究和开发，但是在技术、管理、成本、政策、安全等方面仍然存在许多需要攻克的难题，具体分析如下。

1. 技术标准的统一与协调问题

目前，传统互联网的标准并不适合物联网。物联网感知层的数据多源异构，不同的设备有不同的接口、不同的技术标准；网络层、应用层也由于使用的网络类型不同、行业的应用方向不同而存在不同的网络协议和体系结构。

建立统一的物联网体系架构、统一的技术标准是物联网正在面对的难题。

2. 管理平台问题

物联网自身就是一个复杂的网络体系，加之应用领域遍及各行各业，不可避免地存在很大的交叉性。如果这个网络体系没有一个专门的综合平台对信息进行分类管理，就会出现大量因信息冗余、重复工作、重复建设造成资源浪费的状况。每个行业的应用各自独立，成本高、效率低，体现不出物联网的优势，势必会影响物联网的推广。物联网现亟需一个能整合各行业资源的统一管理平台，使其能形成一个完整的产业链模式。

3. 成本问题

就目前来看，各国对物联网都积极支持，在看似百花齐放的背后，能够真正投入并大规模使用的物联网项目少之又少。如实现 RFID 技术最基本的电子标签及读卡器，其成本一直无法达到企业的预期，性价比不高；传感网络是一种多跳自组织网络，极易遭到环境因素或人为因素的破坏，若要保证网络通畅，并能实时安全传送可靠信息，网络的维护成本高。若成本无法达到普遍可以接受的范围，物联网的发展只能是空谈。

4. 安全性问题

传统的互联网发展成熟、应用广泛，尚存在安全漏洞。物联网作为新兴产物，体系结构更复杂、没有统一标准，各方面的安全问题更加突出。其关键实现技术是传感网络，传感器暴露在自然环境下，甚至放置在恶劣环境中，如何长期维持网络的完整性对传感技术提出了新的要求，即传感网络必须有自愈的功能。RFID 是其另一关键实现技术，就是事先将电子标签置入物品中以达到实时监控的状态，这对于部分标签物的所有者势必会造成一些个人隐私的暴露，个人信息的安全性的问题。如今企业之间、国家之间的合作都相当普遍，一旦网络遭到攻击，后果将不堪设想。如何在使用物联网的过程做到信息化和安全化的平衡至关重要。

随着物联网的发展，人们对物联网的了解逐渐加深，但仍存在一些认识误区。

误区之一：把传感网或 RFID 网等同于物联网。事实上，传感技术和 RFID 技术都仅仅是信息采集技术。除传感技术和 RFID 技术外，GPS、视频识别、红外、激光、扫描等所有能够实现自动识别与物物通信的技术都可以成为物联网的信息采集技术。传感网或者 RFID 网只是物联网的一种应用，但绝不是物联网的全部。

误区之二：把物联网当成互联网的无限延伸，把物联网当成所有物的完全开放、全部互连、全部共享的互联网平台。实际上，物联网绝不是简单的全球共享互联网的无限延伸。即使互联网也不仅仅指我们通常认为的国际共享的计算机网络，互联网也有广域网和局域网之分。

物联网既可以是平常意义上的互联网向物的延伸，也可以根据现实需要及产业应用组成局域网、专业网。现实中没必要也不可能将全部物品联网；也没必要将专业网、局域网都连接到全球互联网共享平台。今后的物联网与互联网会有很大不同，类似智能物流、智能交通、智能电网等专业网以及智能小区等局域网才是最大的应用空间。

误区之三：认为物联网就是物物互联的无所不在的网络，因此认为物联网是空中楼阁，是很难实现的技术。事实上，物联网是实实在在的，很多初级的物联网应用早就在为我们服务了。物联网理念就是在很多现实应用基础上推出的聚合型创新，是对早就存在的具有物物互联的网络化、智能化、自动化系统的概括与提升，它从更高的角度升级了我们的认知。

误区之四：把物联网当成一个筐，什么都往里装，基于自身认识，把仅仅能够互动、通信的产品都当成物联网应用。如仅仅嵌入了一些传感器，就成了所谓的物联网家电；把产品贴上了 RFID 标签，就成了物联网应用等。

基础训练

一、填空题

1. 物联网技术被称为是信息产业的第_____次革命性创新。
2. _____是基于互联网向公众或大型用户群体提供服务。
3. 物联网的体系结构被普遍认为是三层，即_____、_____和_____。
4. _____主要完成数据的管理和数据的处理，并将这些数据与各行业应用相结合。

5. 物联网有_____、_____、_____的特性。

二、选择题

1. (   ) 针对下一代信息浪潮提出了"智慧的地球"战略。
   A. IBM　　　　　B. NEC　　　　　C. NASA　　　　　D. EDTD

2. 2009年,时任国务院总理温家宝提出了(   )的发展战略。
   A. 智慧中国　　　　　　　　　B. 和谐社会
   C. 感动中国　　　　　　　　　D. 感知中国

3. 物联网的全球发展形势可能提前推动人类进入"智能时代",也称为(   )。
   A. 计算时代　　　　　　　　　B. 信息时代
   C. 互联时代　　　　　　　　　D. 物连时代

4. 物联网体系架构中,应用层相当于人的(   )。
   A. 人脑　　　　　　　　　　　B. 皮肤
   C. 社会分工　　　　　　　　　D. 神经中枢

三、判断题

1. 2010年被称为"感知中国"的发展元年。(   )
2. 物联网是独立于互联网的存在。(   )
3. 感知层处于物联网体系架构的第二层。(   )
4. 在物联网体系架构中,各层之间的信息是单向传递的。(   )
5. 随着物联网建设的加快,安全问题必然成为制约物联网全面发展的重要因素。(   )

四、简答题

简述物联网的分类。

学习任务二　人工智能

学习目标

1. 了解人工智能的基本概念及发展历程。
2. 掌握人工智能研究的基本内容及应用领域。

相关知识

人工智能是一门极富挑战性的科学,从事这项工作的人必须懂得计算机知识、心理学和哲学。人工智能是内含十分广泛的科学,它涉及不同的领域,如机器学习、计算机视觉等,总的说来,人工智能研究的一个主要目标是使机器能够胜任一些通常需要人类智能才能完成的复杂工作。但不同的时代、不同的人对这种"复杂工作"的理解是不同的。

一、人工智能的基本概念及发展历程

1. 人工智能的基本概念

1956年,萨缪尔应麦卡锡之邀,参加达特茅斯会议,介绍机器学习工作。"Artificial Intelligence"这个词被首次提出。萨缪尔发明了"机器学习"这个词,将其定义为"不显式编程地赋予计算机能力的研究领域"。而能够进行机器学习的便是人工智能。人工智能(Artificial Intelligence,AI)是一门正在发展中的综合性前沿学科,又是交叉学科与边缘学科,是由计算机科学、控制论、信息论、神经生理学、心理学、语言学等多种学科相互渗透而发展起来的。

所谓"人工智能"是指用计算机模拟或实现的智能。作为一个学科,人工智能研究的是如何使机器(计算机)具有智能的科学和技术,特别是人类智能如何在计算机上实现或再现的科学和技术。因此,从学科角度讲,当前的人工智能是计算机科学的一个分支。

人工智能虽然是计算机科学的一个分支,但它的研究却不仅涉及计算机科学,而且还涉及脑科学、神经生理学、心理学、语言学、逻辑学、认知(思维)科学、行为科学和数学,以及信息论、控制论和系统论等众多学科领域。因此,人工智能实际上是一门综合性的交叉学科和边缘学科。

因此,广义的人工智能学科是模拟、延伸和扩展人的智能,研究与开发各种机器智能和智能机器的理论、方法与技术的综合性学科。

人工智能是一个含义很广的词语,在其发展过程中,具有不同学科背景的人工智能学者对它有着不同的理解,提出了一些不同的观点,人们称这些观点为符号主义(Symbolism)、连接主义(Connectionism)和行为主义(Actionism)等,或者逻辑学派(Logicism)、仿生学派(Bionicsism)和生理学派(Physiologism)。

此外，还有计算机学派、心理学派和语言学派等。

综合各种不同的人工智能观点，可以从"能力"和"学科"两个方面对人工智能进行定义。从能力的角度来看，人工智能是相对于人的自然智能而言的，是指用人工的方法在机器（计算机）上实现的智能；从学科的角度来看，人工智能是作为一个学科名称来使用的，是一门研究如何构造智能机器或智能系统，使它能模拟、延伸和扩展人类智能的学科。

总之，人工智能能借助于计算机建造智能系统，完成诸如模式识别、自然语言理解、程序自动设计、自动定理证明等智能活动。它的最终目标是构造智能机。也有部分学者对人工智能的概念有自己的描述，见表5-4。

表5-4 人工智能概念的描述

提出人	提出时间	描述内容
Bellman	1978年	人工智能是那些与人的思维相关的活动，诸如决策、问题求解和学习等的自动化
Haugeland	1985年	人工智能是一种计算机能够思维，使机器具有智力的激动人心的新尝试
Rich Knight	1991年	人工智能是研究如何让计算机做现阶段只有人才能做得好的事情
Winston	1992年	人工智能是那些使知觉、推理和行为成为可能的计算的研究
Nilsson	1998年	广义地讲，人工智能是关于人造物的智能行为，而智能行为包括知觉、推理、学习、交流和在复杂环境中的行为
Stuart Russell 和 Peter Norvig	2003年	把已有的一些人工智能定义分为四类：像人一样思考的系统、像人一样行动的系统、理性地思考的系统、理性地行动的系统

2. 人工智能的发展历程

人工智能的发展复杂而坎坷，大致分为孕育期（1956年之前，见表5-5）、形成期（1956—1969年，见表5-6）和发展期（1970年以后，见表5-7）三个阶段。

表5-5 人工智能的孕育期

时间	成果
公元前	亚里士多德（Aristotle）三段论；培根（F. Bacon）归纳法；莱布尼茨（G. W. Leibnitz）万能符号、推理计算；布尔（G. Boole）用符号语言描述思维活动的基本推理法则
1936—1941年	世界上第一台电子计算机"阿塔纳索夫—贝瑞计算机"的发明（图5-6）
1943年	麦克洛奇（W. McCulloch）和匹兹（W. Pitts）提出了M-P模型

图 5-6　世界上第一台通用电子计算机

表 5-6　人工智能的形成期

时　间	成　果
1956 年	人工智能专家萨缪尔、纽厄尔和西蒙等人参与学术研讨会（用机器模拟人类智能）——人工智能诞生
1966 年	英国、美国中断了大部分机器翻译项目的资助
1969 年	举办了国际人工智能联合会议

表 5-7　人工智能的发展期

时　间	成　果
1970 年	国际性的人工智能杂志创刊
1977 年	费根鲍姆在第五届国际人工智能联合会议上提出了"知识工程"概念，推动了知识为中心的研究
1978 年	我国把"智能模拟"作为国家科学技术发展规划的主要研究课题
1981 年	日本宣布第五代计算机发展计划，并在 1991 年展出了研制的 PSI-3 智能工作站和由 PSI-3 构成的模型机系统
1981 年	成立了中国人工智能学会

你了解的生活中的人工智能应用有哪些？

二、人工智能研究的基本内容及应用领域

1. 人工智能研究的基本内容

（1）为什么要研究人工智能

人工智能应用简介

人是万物之灵，灵就灵在有智能，当遇到问题和困难时，能想方设法去解决。人类在进化过程中，最初与动物的不同之处是会使用工具，后来开始使用各种机械装置及机器代替体力劳动。在计算机技术突飞猛进的发展时期，人们自然会开始考虑是否有可能用计算机来代替人脑的部分职能，用计算机模拟思维，从而复制思维，产生智能行为。

电子计算机是迄今为止最有效的信息处理工具，以至于人们称它为"电脑"。但现在的普通计算机系统的智能还相当低下，如缺乏自适应、自学习、自优化等能力，也缺乏社会常识和专业知识等，只能被动地按照人们为它事先安排好的步骤进行工作。因而它的功能和作用受到很大的限制，难以满足越来越复杂和越来越广泛的社会需求。既然计算机和人脑一样都可进行信息处理，那么是否也能让计算机同人脑一样也具有智能呢？这正是人们研究人工智能的初衷。

事实上，如果计算机自身也具有一定的智能，那么，它的功效将会发生质的飞跃，成为名副其实的电"脑"。这样的电"脑"将是人脑更为有效的扩展和延伸，其作用将是不可估量的。例如，用这样的电"脑"武装起来的机器人就是智能机器人。智能机器人的出现，标志着人类社会进入一个新的时代。

研究人工智能也是当前信息化社会的迫切要求。人类社会已经进入了信息化时代，但信息化的进一步发展必须有智能技术的支持。例如，当前迅速发展的国际互联网Internet就强烈地需要智能技术。特别是要在Internet上构筑信息高速公路时，其中有许多技术问题就要用人工智能的方法来解决。也就是说，人工智能技术在Internet和未来的信息高速公路上将发挥重要作用。

智能化也是自动化发展的必然趋势。自动化发展到一定水平，再向前发展就是智能化，即智能化是继机械化、自动化之后，人类生产和生活中的又一个技术特征。

另外，研究人工智能对探索人类自身智能的奥秘提供了有益的帮助。因为我们可以通过计算机对人脑进行模拟，从而揭示人脑的工作原理，发现自然智能的渊源。

(2) 人工智能的研究目标

1) 近期目标：实现机器智能。即先部分地或某种程度地实现机器的智能，从而使现有的计算机更灵活、更好用和更有用，成为人类的智能化信息的处理工具。

2) 远期目标：制造智能机器。具体来说，就是要使计算机具有听、说、写等感知和交互功能，具有联想、推理、理解、学习等高级思维能力，还要有分析问题、解决问题和发明创造的能力。简单地说，就是使计算机像人类一样具有自动发现规律的能力，或具有自动获取知识并利用知识的能力，从而扩展和延伸人类的智能。

人工智能研究的远期目标与近期目标是相辅相成的。远期目标为近期目标指明了方向，而近期目标的研究成果为远期目标的最终实现奠定了基础，做好了理论及技术上的准备。另外，近期目标的研究成果不仅可以造福当代社会，还可以进一步增强人们对实现远期目标的信心，消除疑虑。

近期目标和远期目标之间并没有严格的界限。随着人工智能技术研究的不断扩展，近期目标将不断变化，最终会向远期目标靠近。

(3) 人工智能常见的研究途径与方法

1) 功能模拟、符号推演（符号主义学派）。功能模拟、符号推演的特征是立足于逻辑运算和符号操作，解决需进行逻辑推理的复杂问题，能与传统的符号数据库链接，可对推理结论做出解释，便于对各种可能性做出选择。功能模拟、符号推演的不足是人的感知过程主要是形象思维，无法用符号方法进行模拟。用符号表示概念时，其有效性在很大程度上取决于符号表示的正确性，当信息转换成符号时，将会丢失一些重要信息，难以处理有噪声的信息和不完整的信息，因而不能解决所有问题。

2) 结构模拟、神经计算（连接主义学派）。结构模拟、神经计算的特征是处理过程具有并行性、动态性、全局性，适用于形象思维过程，求解问题时，可以较快地得到一个近似解。结构模拟、神经计算的不足是不适于模拟人类的逻辑思维过程。

3) 行为模拟、控制进化（行为主义学派）。行为主义强调智能系统与环境的交互，认为智能取决于感知和行动，人的智能、机器智能可以逐步进化，但只能在现实世界中与周围环境的交互中体现出来。智能只有放在环境中才是真正的智能，智能的高低主要表现在对环境的适应性上。

2. 人工智能的研究领域及应用

（1）人工智能的研究领域

1）逻辑推理与定理证明。逻辑推理是人工智能研究中最持久的子领域之一。我国人工智能大师吴文俊院士提出并实现了几何定理机器证明的方法，被国际上承认为"吴氏方法"（图5-7），是定理证明的标志性成果。

2）问题求解与博弈。人工智能的一大成就是开发了能够求解难题的下棋（如国际象棋）程序，它包含问题的表示、分解、搜索与归约等。例如，2004年6月8日，中国首届国际象棋人机对弈开战。国际象棋特级大师诸宸与"紫光之星"笔记本式计算机对阵。2007年，中国台北国际发明暨技术交易展上第三代智能机器人DOC现场表演了下棋，如图5-8所示。

图5-7 定理证明的成果

图5-8 第三代智能机器人DOC现场表演下棋

3）模式识别。人工智能所研究的模式识别是指用计算机代替人类或帮助人类感知模式，也就是使一个计算机系统具有模拟人类通过感官接受外界信息、识别和理解周围环境的感知能力，如车牌识别、汉字识别、人脸识别等。

4）机器视觉。机器视觉是用机器代替人眼进行测量和判断，通过图像摄取装置将目标转换成图像信号，传送给专用的图像处理系统，根据像素分布、颜色等信息抽取目标的特征，根据判别结果控制现场的设备动作。机器视觉多应用在半导体及电子、汽车、冶金、制药、食品饮料、印刷、包装、零配件装配及制造质量检测等领域。

5) 自然语言理解。用电子计算机模拟人的语言交际过程，使计算机能理解和运用人类社会的自然语言。如汉语、英语等，实现人机之间的自然语言通信，以代替人的部分脑力劳动，包括查询资料、解答问题、摘录文献、汇编资料以及一切有关自然语言信息的加工处理。

6) 机器人学。人工智能研究日益受到重视的另一个分支是机器人学，其中包括对操作机器人装置程序的研究。机器人学的研究促进了许多人工智能思想的发展。

(2) 人工智能的应用

1) 深度学习。说到深度学习，大家第一个想到的肯定是阿尔法围棋（AlphaGo），它通过一次又一次的学习、更新算法，最终在人机大战中打败了围棋大师李世石。百度的机器人"小度"多次参加最强大脑的"人机大战"（图5-9），并取得胜利，也是深度学习的结果。

2) 计算机视觉。计算机视觉是指计算机从图像中识别出物体、场景和活动的能力。例如，医疗成像分析功能（图5-10）被用来提高疾病的预测、诊断和治疗的效果；人脸识别功能被支付宝或者网上一些自助服务用来自动识别人物身份。

图5-9　百度机器人"小度"参加
　　　　最强大脑的"人机大战"

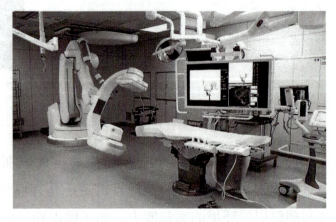

图5-10　医疗成像分析

3) 语音识别。语音识别的主要应用包括医疗听写、语音书写、计算机系统声控、电话客服等，如图 5-11 所示。

4）虚拟个人助理。说到虚拟个人助理，可能大家还没有具体的概念，但是说到苹果手机的 Siri 功能（图 5-12），肯定就能明白了。除了 Siri 之外，Windows 10 的 Cortana 也是虚拟个人助理的典型代表。

图 5-11　语音识别

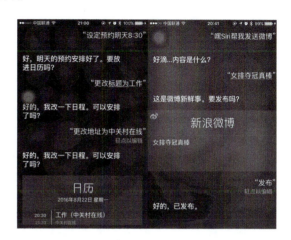

图 5-12　苹果手机的 Siri 功能

5）语言处理。语言处理是将各种有助于实现目标的多种技术进行了融合，能实现人机之间自然语言通信。例如，句法分析、语义分析、文本生成、语音识别等，如图 5-13 所示。

6）智能机器人。智能机器人在生活中随处可见，如扫地机器人（图 5-14）、陪伴机器人（图 5-15）等。这些机器人无论是跟人语音聊天，还是自主定位导航行走、安防监控等，都离不开人工智能技术的支持。人工智能技术把机器视觉、自动规划等认知技术与各种传感器整合到机器人身上，使得机器人拥有判断、决策的能力，能在各种不同的环境中处理不同的任务。

图 5-13　文本生成

图 5-14　扫地机器人

智能穿戴设备（图 5-16）、智能家电（图 5-17）、智能出行或者无人机（图 5-18）设备其实都是类似的原理。

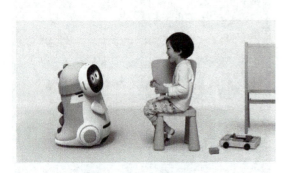

图 5-15　陪伴机器人

图 5-16　智能穿戴设备

图 5-17　智能家电

图 5-18　无人机

7）引擎推荐。不知道大家现在上网有没有这样的体验，就是网站会根据你之前浏览过的页面、搜索过的关键字推送一些相关的网站内容。这其实就是引擎推荐技术的一种体现。

Google 做免费搜索引擎的目的就是为了搜集大量的自然搜索数据，丰富其大数据数据库，为后面的人工智能数据库做准备。推荐引擎是基于用户的行为、属性（用户浏览网站产生的数据），通过算法分析和处理，主动发现用户当前或潜在需求，并主动推送信息给用户，以提高浏览效率和转化率。

想一想

人工智能有哪些优点和缺点?

延伸阅读

生活中的人工智能

当你听到有关人工智能的新闻时,多数情况下的第一反应就是,根本与你无关,但事实真的如此吗?很多人都将人工智能视为大型科技巨头们才会关注的东西,而且认为它不会给自己现在的生活带来影响。可是实际上,人工智能早已出现在人们生活的方方面面。

一、使用面部识别码打开手机

当代人们所使用的手机多为智能手机,这种智能设备可采取的解锁方式就包含人工智能的生物识别技术,如人脸识别。例如,苹果手机的FaceID可以进行3D显示,它照亮你的脸并在脸上放置30000个不可见的红外点,以此捕获脸部图像信息。然后,使用机器学习算法将获取的脸部扫描图像与手机中的脸部扫描存储内容进行比较,以确定试图解锁手机的人是否为本人。苹果表示,欺骗FaceID的机会是百万分之一。

二、视频游戏

"孤岛惊魂"和"使命呼唤"等第一人称射击游戏就运用了人工智能技术,敌人能够剖析其环境,找到可能有利于其生存的物体或行为,他们会隐蔽躲藏,查询声响,并与其他虚拟同伴进行沟通,以增加取胜的机会。

三、在线客服

现在许多网站都提供用户与客服在线聊天的功能,但其实并不是每个网站都有一个真人提供实时服务。在很多情况下,和用户对话的仅仅只是一个初级智能机器人系统。大多数聊天机器人无异于自动应答器,但是其中一些能够从网站学习知识,在用户有需求时将相关信息呈现在用户面前。

四、音乐和电影推荐服务

与其他人工智能服务相比,这种服务虽然看起来比较简单,但是却能大幅度提高生活品质。以前，人们想要找到自己喜欢的新歌并不容易，要么是通过喜欢的歌手找，要么是通过朋友推荐，但是这些途径往往未必有效。喜欢一个人的一首歌不代表喜欢这个人的所有歌，有时我们自己也不知道为什么会喜欢一首歌。而在人工智能的介入之后，这一问题就得到了明显改善。也许你自己不知道到底喜欢包含哪些元素的歌曲，但是人工智能通过分析你喜欢的歌曲可以找到其中的共性，并且可以从庞大的歌曲库中筛选出你所喜欢的部分，这比最资深的音乐人都要强大。电影推荐服务也是基于相同的原理，人工智能对你喜欢的影片了解越多，就越了解你的偏好，从而能推荐真正令你满意的电影。

基础训练

一、填空题

1. 人工智能研究的三条主要途径为_____、_____和_____。

2. _____能制造出真正推理和解决问题的智能机器，但是并不真正拥有智能，也不会有自主意识。

3. 人工智能研究的近期目标是_____，远期目标是_____。

4. _____认为人工智能起源于数理逻辑；_____认为人工智能起源于仿生学，特别是对人脑模型的研究；_____认为人工智能源于控制论。

二、选择题

1. 下列关于人工智能的叙述不正确的有（　　）。

A. 人工智能技术与其他科学技术相结合极大地提高了应用技术的智能化水平。

B. 人工智能是科学技术发展的趋势。

C. 因为人工智能的系统研究是从 20 世纪 50 年代才开始的，非常新，所以十分重要。

D. 人工智能有力地促进了社会的发展。

2. 自然语言理解是人工智能的重要应用领域，下面列举中的（　　）不是它要实现的目标。

A. 理解别人讲的话

B. 对自然语言表示的信息进行分析概括或编辑

C. 欣赏音乐

D. 机器翻译

3. 人工智能诞生于（　　）年。

A. 1955　　　　　B. 1957　　　　　C. 1956　　　　　D. 1965

4. （　　）不属于人工智能应用。

A. 人工神经网络　　　　　　　B. 自动控制

C. 自然语言学习　　　　　　　D. 专家系统

5. 一些聋哑人为了能方便与人交通，通过打手势来表达自己的想法，这是智能的（　　）方面。

A. 思维能力　　　　　　　　　B. 感知能力

C. 行为能力　　　　　　　　　D. 学习能力

三、判断题

1. 人类智能的进化有许多方面是机器智能导致的。（　　）

2. 科学和哲学的区别在于科学解释世界，哲学改变世界。（　　）

3. 算盘可以算作机器智能。（　　）

4. 强人工智能观点认为有可能制造出真正推理和解决问题的智能机器。（　　）

5. 机器学习的任务包括判别与生成。（　　）

四、简答题

简述人工智能的应用领域有哪些。

参 考 文 献

[1] 张雪梅. 机电设备概论 [M]. 北京：高等教育出版社，2002.

[2] 朱派龙. 金属切削刀具与机床 [M]. 北京：化学工业出版社，2016.

[3] 谭智，贾磊. 工业机器人技术 [M]. 长沙：湖南师范大学出版社，2018.

[4] 黄金梭，沈正华. 工业机器人应用技术 [M]. 北京：机械工业出版社，2019.

[5] 张豫，陈燕奎. 无人机航拍概论 [M]. 长沙：湖南师范大学出版社，2019.

[6] 于坤林. 无人机概论 [M]. 北京：机械工业出版社，2019.

[7] 韩雪涛，韩广兴，吴瑛. 打印机常见故障检修 [M]. 北京：金盾出版社，2013.

[8] 孙钦刚. 办公设备使用标准教程 [M]. 北京：中国劳动社会保障出版社，2005.

[9] 袁峰. 数控车床培训教程 [M]. 2版. 北京：机械工业出版社，2012.

[10] 刘成志. 模具数控加工技术 [M]. 北京：人民邮电出版社，2011.

[11] 李东君，文娟萍. 数控车削加工技术与技能 [M]. 北京：外语教学与研究出版社，2015.

[12] 龚雯，戴文玉. 机械制造技术 [M]. 北京：外语教学与研究出版社，2015.

[13] 马凯，肖洪流. 自动化生产线技术 [M]. 北京：化学工业出版社，2018.

[14] 李秧耕，何乔治，何峰峰. 电梯基本原理及安装维修全书 [M]. 北京：机械工业出版社，2005.

[15] 陈家盛. 电梯结构原理及安装维修 [M]. 5版. 北京：机械工业出版社，2017.

[16] 王志强，杨春帆，姜雪松. 最新电梯原理、使用与维护 [M]. 北京：机械工业出版社，2006.

[17] 全国电梯标准化技术委员会. 电梯标准汇编 [G]. 北京：中国标准出版社，1999.

[18] 张琦. 现代电梯构造与使用 [M]. 北京：清华大学出版社，2004.

[19] 同济大学. 单斗液压挖掘机 [M]. 2版. 北京：中国建筑工业出版社，1986.

[20] 李艳杰，于安才，姜继海. 挖掘机节能液压控制系统分析与应用 [J]. 液压与气动，2010（8）：69-74.

[21] 张卧波，杨俊峰，王建明，等. 挖掘机工作及运动状态的仿真与应用研究 [J]. 农业工程学报，2008，24（2）：149-151.

[22] 于国飞，宋文荣，许纯新. 基于Matlab的挖掘机工作装置动力学方程 [J]. 农业机械学报，2003，34（2）：93-96.

[23] 张大庆，郝鹏，何清华，等. 液压挖掘机铲斗轨迹控制 [J]. 建筑机械，2005（1）：61-63.

[24] 刘陈，景兴红，董钢. 浅谈物联网的技术特点及其广泛应用［J］. 科学咨询，2011（9）：86.

[25] 贾益刚. 物联网技术在环境监测和预警中的应用研究［J］. 上海建设科技，2010（6）：65-67.

[26] 陈晋. 人工智能技术发展的伦理困境研究［D］. 长春：吉林大学，2016.

[27] 陈天超. 物联网技术基本架构综述［J］. 林区教学，2013（3）：64-65.

[28] 甘志祥. 物联网的起源和发展背景的研究［J］. 现代经济信息，2010（1）：12-13.

[29] 韵力宇. 物联网及应用探讨［J］. 信息与电脑，2017（3）：17-18.

[30] 黄静. 物联网综述［J］. 北京财贸职业学院学报，2016（6）：3-4.